All That
Cosmetic

올 댓 코스메틱

화장품 연구원의 똑똑한 화장품 멘토링

•

김동찬 지음

이담북스

"화장품은 우리 일상에서 꼭 필요한 존재인가요?"

"백화점에서 비싼 돈 주고 추천받은 제품을 샀는데 왜 효과가 없을까요?"

"스킨, 로션, 에센스, 크림…. 도대체 무슨 차이가 있나요?

"화장품은 많이 사용할수록 좋은 건가요?"

"효과 좋은 화장품 하나만 추천해주세요!"

어느 자리에 참석하든지 화장품 연구원이라고 소개하면 매번 듣게 되는 질문이다. 특히 미용에 관심 많은 여성분들이 있는 곳이면 어느새 둘러싸여 질문 공세가 시작된다. 국내 화장품 회사 직원 중 제형(제품)을 담당하는 연구원들의 수를 다 합쳐보아도 몇백 명이 되지 않기에 보기 힘든 귀인을 만났다는 반가움이라고 생각한다. 사실 오랜 시간을 들여 설명해도 연예인이 사용한 화장품 리스트와 인스타그램에 올라온 제품 사진에 금방 묻혀 씁쓸할 때도 있지만, 화장품이라는 특수성을 생각한다면 이해할 수 있다.

그래서 언제든지 부담 없이 쉽게 꺼내 읽어볼 수 있도록 화장품을 10여 년간 연구했던 사람으로서 대중에게 알려주고 싶은 내용을 담아 이 책을 쓰게 되었다. 화장품을 과학적으로 이해하고 싶은 분부터 화장품 연구원이 되고 싶은 분, 미용 관련 일을 하기 위해 지식을 쌓으려는 분, 단순히 피부에 관심이 있는 분들까지 쉽게 이해할 수 있도록 썼다. 기술의 급격한 발전에 따라 최근 화장품에 적용된 그리고 적용될 수 있는 새로운 기술도 언급하였다.

아무쪼록 이 책이 여러분의 아름다운 피부에 도움이 될 수 있도록 작은 힘이 되었으면 좋겠다. 화장품이라고는 로션밖에 모르던 평범한 청년에게 많은 지식과 경험을 전달해준 LG생활건강 연구소 선후배님들께 감사를 전한다. 또한, 일기도 써 본 적이 없는 내게 화장품 칼럼을 기고할 수 있게 격려해주시고 책으로 나올 수 있도록 도와주신 LG CC 공성태 님, 이태민 님, 이성구 님, 김태성 님에게도 감사드린다.

마지막으로 지금의 내가 있을 수 있도록 물심양면으로 도와주신 부모님과 항상 나를 응원해주고 큰 힘이 되어주는 내 아내, 사랑하는 효진이에게 고맙다는 말을 전한다.

2021년 4월

화장품 연구원 김동찬

CONTENTS

PART 3 화장품으로 다스릴 수 있는 피부 고민

PART 4 상황에 맞게 화장품 골라 쓰기

PART 5 화장품의 과거와 미래

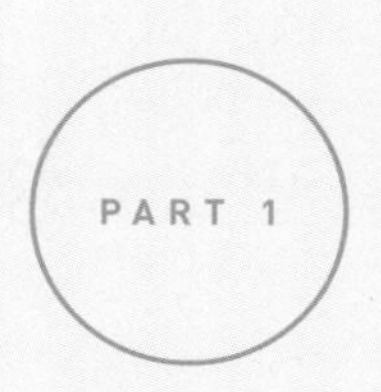

화장품을 구성하는 어벤저스

ALL THAT COSMETIC

01 :

정제수

화장품은 물장사가 아니야

한때 '탄산수 세안법'이 포털사이트 검색어 순위 상위권에 오른 적이 있었다. 유명 여배우가 한 방송 매체에서 얼굴 부기를 빼기 위해 탄산수로 세안한다고 언급한 것이 이유였다. 그 후 탄산수 세안법은 '여배우 세안법'으로 포장되어 각종 뷰티 프로그램에 소개되었고 한바탕 유행이 태풍처럼 휩쓸고 지나갔다.

탄산수는 이산화탄소가 녹아 있는 물로, 세안할 때 기포가 터지면서 피부를 자극하기 때문에 살짝 따끔한 느낌이 든다. 이 과정에서 세안제로 인해 망가진 피부 장벽이 개선되는 효과를 얻을 수 있다. 한 번씩 회자되는 쌀뜨물 세안법과 녹차팩 세안법도 물속에 포함된 어떤 성분에 의해 피부 개선 효과를 얻을 수 있는 세안법 중 하나이다.

세안뿐 아니라 '○○수'는 화장품에 사용되는 원료 중 쉽게 노출되는 재료이자 가장 많이 사용되는 원료이다. 그중에서도 제일 많이 쓰이는 '○○수' 원료는 정제수, 즉 물이다. 일부 소비자들은 화장품을 물장사라고 비꼬아 말하기도 하며 탄산수나 홍삼수처럼 색다른 원료가 사용된 제품을 찾기도 한다. 정제수가 아무 효과 없는 원료라면 화장품에 왜 그렇게 많이 사용될까?

정제수는 100% H_2O로만 이루어진 물을 의미한다. 일상생활에서 먹거나 씻는데 사용하는 물에는 H_2O 외에 다양한 물질이 함유되어 있거나 인위적으로 첨가한다. 화장품에 사용되는 정제수는 특수 여과 장치를 이용하여 미생물과 중금속 등 불순물을 제거한 순수한 물이다. 화장품뿐만 아니라 의약품이나 식품 제조에도 일반 물 대신 정제수가 사용된다.

비용과 시간을 들여 굳이 정제수를 사용하는 이유는 균에 의한 부패를 막고 화장품의 제형 안정성을 확보하기 위해서다. 만일 미생물이 제거되지 않은 물을 사용한다면 화장품은 쉽게 부패한다. 또한, 제거되지 않은 각종 금속이온은 화장품에 사용된 다른 물질과 반응하여 침전을 만들거나 제형을 변질시킬 수 있다.

정제수는 탄산수나 녹차수처럼 피부를 깨끗하고 아름답게 만들어주는 마법 같은 효과를 발휘하지는 못한다. 정제수는 말 그대로 정제된 물일뿐이다. 비를 맞거나 매일 샤워를 한다고 피부가 눈에 띄게 변하지 않는 것처럼 화장품에 사용되는 정제수는 아무런 효과가 없다. 그러나 정제수가 없다면 피부를 아름답게 만들어주는 화장품의 주된 목표를 달성하기 힘들다.

정제수는 화장품에 사용되는 효능 물질을 피부로 전달해주는 버스와 같은 역할을 한다. 각종 효능 원료는 파우더나 고체 형상인 경우가 대부분이고 액상이라고 해도 끈적하거나 피부에 바르기 힘든 모습인 경우가 많다. 일례로 당 성분은 피부 보습에 탁월한 효과를 나타내기에 화장품에 많이 사용된다. 그러나 당 성분 중 하나인 설탕 그 자체를 피부 위에 뿌려 놓고 기다린다고 흡수가 이루어지지는 않는다. 하지만 설탕을 물에 녹여 피부에 바르면 물과 함께 피부로 흡수된다.

또 다른 당 성분인 꿀을 생각해 보자. 꿀은 피부를 매끄럽게 가꾸어 주는 최고의 천연 원료이며 꿀 속에 들어있는 각종 아미노산과 효소는 콜라겐의 재생을 돕고 피부를 탱탱하게 만들어 준다. 그러나 꿀 자체를 얼굴에 바르면 쉽게 펴 바를 수 없고 끈적거려 불쾌감만 높아진다. 하지만 꿀을 물에 풀어 놓으면 피부에 골고루 쉽게 펴 바를 수 있고 불쾌감도 없앨 수 있다.

전성분을 읽다 보면 정제수 대신 '○○수'를 사용한 제품을 간혹 볼 수 있다. 정제수를 이용하여 녹차, 홍삼과 같은 효능 원료를 우려낸 물을 사용한 경우이며, 효능 물질이 함유된 정제수라는 의미이다. 특정 성분이 아닌 해당 원료가 가지고 있는 모든 성분을 정제수에 녹여낸 물로 정제수 대비 피부 효과가 좋은 경우가 일반적이다. '○○수'는 두 가지로 나누어 볼 수 있다.

첫째, 온천수와 같이 특정 지역에서 얻은 물을 사용하는 경우이다. 온천수에는 다양한 미네랄이 풍부하게 함유되어 있어 그 자체가 하나의 화장품이라고 할 수 있다. 유리아쥬는 프랑스 남부 알프스 산맥에 위치한 마을의 온천수를 30% 이상 사용하고, 비쉬는 화산암 사이를 통과하여 미네랄이 농축된 온천수로 화장품을 만들어 온천의 효능을 제품에 심었다. 온천뿐만 아니라 알래스카 빙하수, 남극에서 추출한 해양심층수도 탁월한 효과를 나타내는 물로 사용된다.

둘째, '○○○ 추출물'을 사용하는 경우이다. 인삼이나 연꽃 같은 꽃이나 열매에서 효능 성분을 추출한 물을 사용하여 제품을 개발하기도 한다. 인삼에는 진세노사이드라는 성분이 있는데 피부 세포 증식을 도와주고 콜라겐 합성을 촉진해 피부 노화를 예방한다. 진세노사이드를 추출한 물을 사용하면 정제수보다 더 좋은 효과를 얻을 수 있다.

간혹 전성분에 정제수 대신 '○○수'가 사용된 제품이 더 좋다고 홍보하는 제품을 볼 수 있다. 그러나 효능 물질을 사용하는 방식의 차이일 뿐 해당 제품이 더 좋은 것은 아니다. '○○수'에 들어있는 효능 물질을 정제수와 함께 넣어주면 동일한 제품이 되기 때문이다. 화장품에 가장 많이 사용되지만 제일 천한 대접을 받는 물질이 정제수다. 화장품에 사용되는 무수한 물질이 자신의 효과를 마음껏 발휘할 수 있도록 도와주는 정제수는 화장품에 반드시 있어야만 하는 중요한 원료이다. 그래서 가장 많이 사용된다.

02

폴리올

다재다능한 만능 플레이어

다양한 화장품 전성분표를 살펴보면 앞쪽에 자주 등장하는 비슷한 성분명들이 있을 것이다. '글리세린', '디프로필렌글라이콜', '프로필글라이콜', '부틸렌글라이콜' 등 '~글라이콜'로 끝나는 성분명은 거의 모든 화장품에서 발견할 수 있는데, 이들을 묶어 폴리올Polyol 이라고 부른다.

전성분 순서는 함량으로 결정되기 때문에 앞쪽에 위치한다는 것은 많이 사용되고 중요하다는 의미이다. 그러나 폴리올의 사용 목적을 알고 있는 소비자는 찾아볼 수 없다. 화학구조와 길이에 따라 폴리올의 세부 명칭이 달라지고 제품마다 함량과 종류가 변하지만, 폴리올이 화장품에 사용되는 목적과 피부에 주는 효과는 같다.

폴리올은 정제수와 마찬가지로 고체 성분을 녹이기 위해서 사용된다. 화장품에 사용되는 원료 중 단단한 고체 성분은 반드시 액상으로 녹아야만 효과를 발휘할 수 있다. 앞에서 설명한 설탕과 같이 물에 쉽게 녹는 물질은 화장품에 사용하기 쉽지만, 물에 잘 안 녹는 수용성 물질은 아무리 효과가 좋아도 적용하는 데 한계가 있다.

특히 물에 녹이기 힘든 물질 중에는 피부에 효과가 좋은 원료가 많다. 좋은 화장품을 만들기 위해서는 이러한 물질을 어떤 방식을 활용해서라도 용해된 상태로 화장품에 적용해야만 한다. 폴리올에 있는 하이드록시기 -OH 는 물에 잘 녹지 않는 고체 성분이 액상으로 변할 수 있도록 도와준다. 원료에 따라 차이가 있으나 '글리세린 〈 부틸렌글라이콜 〈 디프로필렌글라이콜'의 순서로 수용성 물질을 잘 녹여준다. 일단 폴리올에 녹여진 효능물질은 물에도 쉽게 혼합되기 때문에 화장품에 사용될 수 있다.

또한, 폴리올은 약하게나마 균의 증식을 억제하는 방부력을 가지고 있다. 폴리올만 사용하여 균의 증식을 막을 수는 없으나, 폴리올이 있으면 방부제만 단독으로 사용한 것에 비해 방부 효과가 증가한다. 방부제는 세균의 번식을 막기 위해 사용되나 양이 많아지면 피부 트러블을 유발하는 단점을 가지고 있다. 이때 폴리올을 함께 사용하면 방부제의 함량을 낮추어 피부 자극을 줄일 수 있다.

폴리올 자체로도 피부에 긍정적 효과를 줄 수 있다. 화장품 성분 사전에서 폴리올 원료를 검색하면 배합 목적에 '보습제'라고 적혀 있는 것을 볼 수 있다. 폴리올은 피부에 보습 효과를 준다. 폴리올 중 가장 많이 사용되는 글리세린은 꿀과 같은 점성을 가지고 있는데 피부에 바르면 끈적한 액으로 피부를 감싼 것과 같은 느낌을 받는다. 폴리올이 피부에 막을 형성한 것으로 피부 속 수분이 증발하는 것을 막아준다. 글리세린을 녹인 물을 피부에 바르고 일정 시간이 지난 후 보습 지수를 측정하면 물만 바른 것에 비해 피부 내 수분 함유량이 증가한다.

마지막으로 폴리올은 제형의 점도흘러내리는 정도를 감소시키기 위해 사용될 때도 있다. 화장품은 피부에 쉽게 발려야 사용하기 편하다. 폴리올은 개발하고자 하는 제품의 사용감과 점도를 결정하는 데 도움을 준다.

폴리올은 보습력을 높여주는 피부 효과뿐만 아니라 균의 침입을 방어하고 효능 물질을 녹이는 등 다양한 목적으로 사용된다. 폴리올의 조합을 최적화시켰을 때 위와 같은 효과와 더불어 사용감이 우수한 화장품이 만들어진다.

폴리올은 소비자가 잘 알지 못하고 중요하게 생각하지 않는 성분이지만, 어떤 폴리올을 얼마만큼 사용했을 때 위와 같은 효과를 얻을 수 있는지 결정되기 때문에 화장품 개발자들에게는 중요한 원료이다.

03 : 폴리머

화장품의 튼튼한 골격

건축물의 철골구조와 같이 모든 제품에는 제품을 형성하는 뼈대가 있다. 자동차나 가전제품에는 금속 프레임이 있고, 형태가 없는 소설이나 영화에도 줄거리가 그러한 역할을 한다.

뼈대는 외관의 형태를 결정하고 내부를 보호하여 제품이 제 역할을 충실히 할 수 있도록 해주는 중요한 지지체이다. 화학물질의 혼합물로 이루어진 화장품에는 뼈대가 없는 것처럼 보이지만, 폴리머 Polymer 라고 불리는 물질이 뼈대와 비슷한 역할을 한다.

폴리머는 자전거 체인같이 짧은 화학성분이 반복적으로 서로 엮이며 길게 늘어진 화합물을 통칭하여 부르는 말이다. 어떤 체인이 얼마큼 연결되었느냐에 따라 명칭이 결정되고 사용 목적이 달라진다. 폴리머는 거의 모든 산업에 광범위하게 사용되며, '아크릴레이트/C10-30알킬아크릴레이트크로스폴리머', '카보머', '잔탄검', '셀룰로오스', '히알루론산' 등이 화장품에 사용되는 대표적인 폴리머다.

화장품에서 폴리머는 크게 두 가지 목적으로 사용된다. 첫 번째 사용 목적은 서두에 언급한 화장품의 뼈대 역할로써 제품의 안정성을 높이기 위해서다. 화장품은 여러 종류의 화학 물질을 아무리 정교하게 짜 맞추어도 오랜 시간이 지나면 서서히 제품이 분리되거나 변형되기 시작한다.

특히 햇빛과 높은 온도에 노출되면 분리 속도는 더욱더 빨라진다. 폴리머는 화장품에서 그물과 같은 형태로 존재하며 화장품 속 내부 입자의 움직임을 고정해 제품이 분리되는 것을 방지한다. 전성분에 '아크릴레이트~', 'C10-30~'과 같이 잘 읽히지 않는 성분들이 위와 같은 역할을 하는 폴리머이다.

폴리머의 또 다른 능력은 과량의 수분을 오랜 시간 잡아주는 힘이다. 광고에서 언급되는 '자신보다 몇백만 배 무거운 물을 잡고 있는 원료'가 히알루론산이며 이 때문에 화장품뿐만 아니라 필러 등의 시술에도 많이 사용된다. 그 밖에 셀룰로오스나 잔탄검 등도 비슷한 역할을 한다. '짐승젤'이라 불리는 알로에 수딩젤도 폴리머의 능력을 최대한 발휘할 수 있도록 개발된 대표적인 제품이며 수분 크림에도 많이 사용된다. 폴리머의 부가적인 기능이지만 화장품을 선택하는 소비자들에게는 중요한 내용이다.

마지막으로 폴리머 중 일부 원료는 피부에 오랜 시간 밀착이 가능하기에 다양한 팩의 주원료로도 사용된다. 화장품을 늘어뜨리고 피부에 한 번 달라붙으면 잘 떨어지지 않게 만들어주는 원료는 폴리머밖에 없다. 제품이 흡수될 때까지 충분한 시간 동안 피부 위에 올려놓아야 하는 마스크 제품에 폴리머는 단골 원료이자 중요한 재료이다.

폴리머는 소량으로도 뼈대를 형성할 수 있을 뿐 아니라 수분 보유 능력이 우수하기에 화장품에 자주 사용되는 원료이다. 다만 과량의 폴리머가 들어있는 제품을 사용한 후 메이크업을 하면 화장이 들뜨는 문제가 생길 수 있다. 폴리머는 흡수가 안 되고 얼굴 표면을 덮고 있기 때문에 피부가 아닌 폴리머 위에 메이크업 제품이 묻기 때문이다. 그래서 화장이 자주 들뜬다면 '아크릴레이트'나 'C12-30' 등의 원료가 전성분에 적힌 제품은 피하는 것이 좋다.

04 : 유화제와 계면활성제

물과 기름을 섞어주는 마법의 가루

화장품에 과학 명찰을 붙이면 '유화Emulsion'란 이름으로 불린다. 절대 섞일 수 없는 수상물과 유상기름이 하나의 상으로 혼합된 것을 유화라 통칭하며 마요네즈, 커피 등 음식에서 주로 찾아볼 수 있다. 화장품은 물에 녹는 수용성 파트와 오일에 녹는 유용성 파트가 하나로 합쳐진 제품이다. 오일은 피부를 부드럽게 가꾸어 주고 필수적인 영양분을 공급하는 성분이지만 피부에 바로 사용하기에는 무리가 있다.

또한, 피부는 물을 쉽게 통과시키지 않기에 수용성 효능 물질을 피부로 전달하는 데 한계가 있다. 둘의 단점을 빼고 장점만

살린 것이 유화이고, 이를 가능하게 하는 원료가 유화제 또는 계면활성제이다.

마요네즈를 만들기 위해서는 세 가지 핵심 재료가 필요하다. 식초와 올리브오일 그리고 달걀노른자이다. 달걀노른자는 식초와 올리브오일과 모두 잘 섞인다. 하지만 식초와 올리브오일은 섞이지 않는다. 식초와 올리브오일이 섞일 수 있도록 도와주는 물질이 천연 유화제로 불리는 달걀노른자이다.

세 가지 재료가 믹서에서 강한 힘을 받으면 식초와 올리브오일 사이에 달걀노른자가 자리 잡아 두 물질을 연결하여 하나로 이어주는 유화가 일어난다. 믹싱이 끝나면 서로 다른 맛을 내는 3가지 재료가 독특한 한 가지 맛으로 바뀌고 형태도 달라진다. 식품에 사용되는 달걀노른자와 우유가 쉽게 얻을 수 있는 천연 유화제이고 마가린, 커피, 아이스크림이 대표적인 유화 식품이다.

화장품은 유화 기술이 가장 많이 사용되는 분야 중 하나이다.

거의 모든 크림과 에센스 등 유백색의 화장품은 유화로 만들어진 제품이다. 화장품의 구성 성분은 수상, 유상 그리고 유화제로 구분된다. 물에 녹는 효능 물질과 물과 섞이지 않는 효능 원료를 한 번에 피부에 전달하기 위해서 유화제가 필요한 것이다. 물론 유화제 없이 스킨 1종, 오일 1종을 사용하면 똑같지 않으냐고 생각할 수 있다. 하지만 유화제를 사용하여 하나의 제품으로 만들면, 각각 제품을 사용한 것보다 더 높은 효과를 얻을 수 있다.

물과 오일을 유화시켜 얻을 수 있는 가장 큰 효과는 향상된 피부 흡수력이다. 물과 오일을 피부에 바르면 흘러내리기 때문에 제품화하기 어렵다. 흡수가 이루어지기까지 피부 위에 오랜 시간 머물러야 하는데, 물과 오일은 쉽게 흘러내려 흡수되는 양보다 버리는 양이 많다.

특히 피부는 우산처럼 물을 튕겨내기 때문에 피부에 물만 바르면 흡수가 거의 이루어지지 않는다. 유화시킨 화장품은 액체와 고체의 중간 형태로, 피부에 바르면 그대로 머물러 있어 화장품에 함유된 효능 물질을 피부 속으로 장시간에 걸쳐 깊숙이 전달할 수 있다.

유화제가 기초화장품에서 중요한 역할을 한다면, 계면활성제가 주인공으로 사용되는 제품은 세정제품이다. 계면활성제는 물에 녹지 않는 소량의 오일 성분을 물에 씻겨 내려갈 수 있도록 둥그렇게 감싸는 역할을 한다. 피부에 붙는 노폐물 중에서 물 세안으로 씻기지 않는 오염물질은 오일로 닦아 내야 한다.

하지만 오일만으로 피부를 문지르면 오염물질과 오일이 섞이기만 하고 물에 씻겨 내려가지 않는 것은 똑같다. 이때 계면활성제가 들어있는 클렌징 폼을 사용하면 오염물질을 감싼 계면활성제가 물에 녹아 쉽게 제거된다. 세정제품에 있는 계면활성제가 오염물질이 물과 섞일 수 있도록 연결고리 역할을 하여 피부에 붙어있던 노폐물을 떨어뜨릴 수 있다.

오일 성분이 없을 것 같은 물 타입 스킨에도 계면활성제가 사용된다. 스킨에 사용되는 향이 오일 성분이기 때문이다. 계면활성제 없이 향을 스킨에 넣으면 향과 스킨이 분리되어 스킨 위에 오일 띠가 생기고 용기에 향이 달라붙는다. 계면활성제는 향을 품고 스킨 속으로 잠입하여 스킨 내부에 향이 고르게 퍼질 수 있도록 도와주고 향의 발산을 이끌어준다.

유화제와 계면활성제는 화장품에서 상당히 중요한 한 축을 담당하고 있으며 유화제의 능력에 따라 사용 가능한 오일의 종류와 범위가 결정된다. 화장품의 발전에 가장 중요한 역할을 했던 원료가 유화제와 계면활성제이다.

최근 PEG 폴리에틸렌글라이콜가 들어있는 원료가 피부에 좋지 않다고 해서 PEG가 첨가된 계면활성제를 기피하는 소비자들이 많아졌다. 물론 계면활성제를 그대로 피부에 바르면 좋지 않은 것은 사실이다.

하지만 화장품에 사용되는 계면활성제의 종류와 함량은 피부에 무해한 수준이다. 오히려 이러한 원료로 인하여 효과가 좋은 오일이나 효능 성분을 더 쉽게 사용할 수 있게 되었다. 음식과 화장품의 역사를 살펴보면 유화제로 인하여 우리 삶은 더 풍성해졌다고 볼 수 있다.

05 오일

피부를 위한 에너지바

정제수, 폴리올, 폴리머, 계면활성제가 화장품의 외관을 구성하고, 효능 물질의 피부 투과를 도와주는 재료라면 피부를 아름답게 가꾸어 주는 화장품의 힘은 어디서 나오는 것일까?

화장품이 가지고 있는 에너지의 원천은 바로 오일이다. 조선시대 사대부 여인들의 필수품인 동백기름과 유럽 왕실 여인들의 사치품이었던 장미 오일만 봐도 화장품이 없던 옛날에 오일은 여성들의 피부 관리 필수품이었다.

피부 위에 오일과 물을 한 방울 떨어뜨리고 자세히 관찰해보

자. 물은 구형의 형태를 그대로 유지하는 데 비하여 오일은 시간이 지나면 서서히 퍼지기 시작하고 각질 사이사이 틈새로 흡수되는 것을 관찰할 수 있다. 피부 위에 올려놓은 물방울은 휴지로 쉽게 제거되나 피부에 한 번 묻은 오일은 세안제를 쓰지 않는 한 100% 제거되지 않는다.

피부는 우산처럼 물은 튕겨내지만, 기름종이처럼 오일은 쉽게 받아들인다. 그렇기 때문에 유용성 효능 물질은 오일에 녹은 상태로 쉽게 피부에 흡수되며, 피부에 부족한 부분을 빠르게 채워준다. 또한, 오일 자체가 영양성분 역할을 하여 엘라스틴이나 콜라겐의 합성을 유도한다. 우리가 한 번쯤 들어본 적이 있는 스쿠알란, 장미 오일은 미백, 주름, 보습 등 피부 전반에 걸쳐 피부 개선을 도와주는 원료이다.

꽃과 열매에서 추출한 오일뿐만 아니라 화장품에 사용되는 모든 오일은 피부를 유연하게 만들고 막을 형성하여 외부 환경으로부터 피부를 보호한다. 특히 찬바람이 세게 부는 겨울은 오일이 빛을 발하는 시기이다. 건조한 대기에 노출되면 피부는 빠르게 수분을 잃고, 찬 바람이 불면 온도가 낮아져 피부가 금방 푸석해진다.

이때 오일은 피부 사이를 빠르게 헤집고 들어가 세포와 세포 사이 끊어진 다리를 연결해주고 피부 외곽에 층을 형성하여 피부 속 수분이 증발하는 것을 막는다. 가을이 되면 오일 전용 제품이 출시되는 것도 이러한 오일의 효과 때문이다.

마지막으로 오일은 화장품의 사용감 향상을 위해 활용된다. 제품을 구매할 때 효능이 우수한 제품을 사는 것이 당연하지만, 화장품을 사용하면서 느끼는 촉각 또한 무시하지 못한다. 고급스러운 사용감이라 불리는 요소를 만족시키기 위하여 각 오일의 퍼짐성과 피부를 덮는 느낌 그리고 증발 속도까지 고려하여 제품이 설계된다.

화장품에 사용하는 오일은 크게 천연 오일, 합성 오일, 실리콘 오일로 나누어진다. 스쿠알란, 마카다미아씨 오일, 동백 오일과 같은 천연 오일은 자연에 존재하는 동물과 식물에서 얻은 오일이다. 구할 수 있는 양이 상당히 적어 값이 비싸지만 피부에 직접적으로 미치는 효능이 좋기 때문에 많이 사용된다.

합성 오일과 실리콘 오일은 제품의 사용감을 위해 개발된 원료이다. 이 중 실리콘 오일은 규소가 함유되어 있는 원료로, 피부 부착력이 높고 실키한 느낌을 주기 때문에 발림성 개선을 위해 사용된다. 또한, 피부에 붙으면 일반 오일보다 잘 씻겨 내려가지 않기에 피부보호막을 형성시킬 때도 사용된다. 그러나 부착성이 좋은 만큼 모공을 막을 수 있어 일부 민감한 피부를 가진 소비자에게는 적합한 원료가 아니다.

지금은 오일을 구하는 것이 어렵지 않지만, 100년 전만 해도 수많은 인부들이 씨앗과 열매를 수확하고 압착해서 소량의 오일을 얻을 수 있었다. 장미 오일 1g을 얻기 위해 수 킬로그램의 장미 꽃잎이 필요했다는 말은 과장이 아니다. 희소성 때문에 오일을 사용할 수 있는 사람은 극소수 상류층뿐이었고, 오일을 쉽게 바를 수 있는 상류층과 아무것도 바를 수 없는 하층민 피부에는 큰 차이가 있을 수밖에 없었다. 지금은 다양한 오일로 만든 화장품을 마음껏 쓸 수 있으니 더 이상 계층에 따른 피부 차이는 없을 것이다. 오일은 피부에 줄 수 있는 최고의 선물이다.

06

:

버터와 왁스

피부를 덮는 포근한 이불

"핸드크림 하면 떠오르는 원료는 무엇일까요?"

위 질문을 100명에게 물어보면 99명은 '시어버터'라고 답할 것이다. 시어버터는 오래전부터 화장품에 사용된 원료이지만 록시땅이 시어버터의 진가를 핸드크림에서 찾아냈기에 시어버터의 창조자라고 보아도 무방하다. 시어버터는 그 자체를 하나의 화장품으로 보아도 될 정도로 부드러우면서 밀착력 강한 사용감과 보습 효과를 주는 원료이다.

버터와 왁스는 오일과 비슷한 계열의 원료로 25도에서 굳어 있는 고체 오일이라고 생각하면 된다. 화장품에 사용하는 목적 그리고 추출하고 합성하는 방법까지 오일과 거의 유사하다. 차이가 있다면 버터와 왁스가 피부 속 수분이 증발하지 못하도록 밀폐하는 능력이 더 높다는 점이다. 고체인 버터가 액체인 오일보다 분자량이 크고 유동성이 낮기에 피부를 덮는 면적도 넓고 수분이 날아갈 수 있는 틈을 더 미세하게 막기 때문이다.

버터와 왁스는 융점고체에서 액체로 변하는 온도과 경도단단한 정도에 따라 화장품에 사용되는 목적이 달라진다. 열매에서 추출한 버터의 경우 대부분 융점이 낮고 부드러워 점성이 낮은 로션과 크림에 보습력 강화 목적으로 사용된다. 시어버터를 포함한 대부분의 버터가 이에 해당한다.

일반적으로 왁스는 버터보다 단단하고 융점이 높은 특징을 가진다. 소량을 사용해도 화장품을 단단하게 만들기에 고경도 크림이나 스틱 제품에 많이 사용된다. 원료 자체의 보습 효과도 높지만 화장품의 외관을 결정하고 사용감을 조절하는 데 중요한 역할을 한다.

그 밖에 오일계통은 아니지만 엘라스토머라 불리는 실리콘 원료도 강한 보습력을 제공하기 때문에 비슷한 목적으로 사용된다. 엘라스토머는 피부에 한 번 달라붙으면 쉽게 제거되지 않는 강력한 밀폐 제제이다. 밀착력이 강하여 부드러운 실크와 같은 사용감을 주지만 과하면 답답한 느낌이 들기도 하고 피부를 너무 틀어막기 때문에 민감한 소비자는 트러블을 겪는 경우도 있다. 엘라스토머를 사용할 때는 효과보다는 피부 트러블을 유발하지 않는 수준에서 함량을 결정한다. 전성분에 '○○메치콘 크로스폴리머'라고 적힌 원료가 엘라스토머이다.

버터와 왁스는 화장품에 사용되는 어떤 원료와 비교해도 밀폐 능력이 최고이다. 거기에 화장품의 전체적인 사용감도 좌지우지하며, 때로는 외관도 결정하는 등 안팎을 모두 관할하는 종합 사령관이라고 할 수 있다. 핸드크림이 겨울에 가장 많이 팔리듯이 버터와 왁스는 겨울에 피부 보습을 책임지는 원료이다. 추운 겨울에 따뜻한 이불 속으로 들어가면 꽁꽁 언 몸이 녹는 것처럼 피부를 포근하게 덮어주는 이불 같은 원료이다.

07 방부제

: 화장품을 위한 필요악

소비자들은 화장품을 구매할 때 '어떤 좋은 원료를 사용했는지' 만큼 '어떤 원료를 배제했는지'도 주의 깊게 살핀다. 제조사는 자신들이 사용하지 않는 원료를 강조하기 위해 '에탄올 무無첨가', '인공색소 무無첨가', '광물류 무無첨가' 등으로 표시하는데 아마 소비자들이 가장 많이 관심을 기울이는 것은 '방부제 무無첨가'일 것이다.

방부제는 식품이 미생물에 의해 부패하는 것을 막기 위해 개발된 물질이다. 우리가 먹을 수 있는 음식은 미생물도 먹을 수 있다. 미생물은 음식을 양분으로 삼아 빠르게 번식하여 제품을 부패시킨다. 방부제는 균의 침입과 증식을 막기 위해 음식에 첨가되었고 이로 인해 보관 기간을 늘릴 수 있었다. 인류를 기근으로부터 해방시켜준 방부제는 수명 연장의 일등 공신임이 분명하다.

음식과 마찬가지로 화장품에도 방부제가 사용된다. 부패한 화장품을 피부에 바르면 미생물이 피부로 침투하여 각종 피부병을 유발한다. 그러나 방부제가 균을 죽여주기 때문에 그런 두려움에서 해방될 수 있다. 또한, 방부제가 장시간 제품을 부패로부터 보호하기 때문에 유통기한이 길어졌다. 제조사들은 한 번에 많은 양을 생산할 수 있게 되었고 결과적으로 제품의 가격을 낮추는 효과도 만들어냈다. 방부제로 인해 좋은 화장품을 저렴하게 구매하여 미생물의 위협에서 벗어나 안전하게 사용할 수 있게 된 것이다.

방부제는 좋은 역할을 하는 착한 원료이지만 아이러니하게도 사람들은 방부제가 없는 화장품을 찾는다. 방부제에 대한 잘못된 정보와 이를 부추기는 제조사의 마케팅이 시너지를 일으키며 사람들을 두려움으로 몰고 간 것이다. 이러한 현상은 가습기 살균제 사건 후 더욱 심해졌다.

살균제는 미생물을 사멸시키거나 증식을 억제하는 물질이다. 독성이 강한 원료이기에 신체와 접촉하거나 흡입될 가능성이 있는 제품에 사용되려면 수많은 안정성 데이터를 확보해야 하고 사용 가능 함량도 규정되어 있다.

살균제의 일종인 방부제는 미생물의 증식을 억제하는 것이 주목적이며 침입하더라도 서서히 사멸시켜 제품의 부패를 막기 위해 사용되는 원료이다. 화장품 전성분 사전을 보면 배합목적에 '살균보존제'로 표시되는 원료가 방부제이며 파라벤, 페녹시에탄올, 트리클라산, 벤조익애씨드, 벤질알코올, 메칠이소치아졸리논 등이 있다.

물론 방부제가 미생물을 파괴하는 물질이기 때문에 미약하지만 독성이 있어서 피부가 연약한 사람이 과량의 방부제가 함유된 제품을 사용하면 피부 트러블이 생길 수 있다. 그러나 해당 화장품의 사용을 중지하면 본래의 피부로 돌아올 정도로 독성이 미약하다.

화장품은 보관하는 장소와 사용 습관에 따라 미생물에 노출되는 정도가 천차만별이다. 집 내부 청결도, 제품을 사용하는 사람의 위생 정도에 따라 침입하는 균의 숫자가 달라진다. 또한, 화장품이 담긴 용기에 따라서도 달라진다. 공기와 접촉면이 넓은 크림 통에 담긴 화장품은 펌핑 용기나 튜브에 담긴 제품보다 균의 침입에 쉽게 노출된다. 제조사는 모든 상황을 고려하여 방부 능력은 유지하지만 피부에 영향을 주지 않는 적정 함량을 화장품에 적용한다. 피부 안전성을 최우선으로 생각하여 연구하기 때문에 방부제로 인해 발생하는 문제는 거의 없다.

소비자는 방부제로 인해 발생할 수 있는 문제를 걱정하지만, 오염된 화장품을 사용했을 때 발생하는 피해가 훨씬 심각하다. 식품의약품안전처에서는 화장품에서 발생할 수 있는 미생물 오염에 대한 가이드라인을 만들었고 이를 지키지 않을 경우 행정 처분을 내린다.

"총 호기성 생균 수는 눈 화장용 제품류 및 어린이용 제품류의 경우 500개/g(ml) 이하, 기타 화장품의 겨우 1,000개/g(ml) 이하이고, 대장균, 녹농균, 황색포도상구균은 검출되지 않는다."•

음식과 마찬가지로 부패한 화장품을 피부에 바르면 큰 사고로 번질 가능성이 있다. 방부제 없이 생산한 제품은 언제 터질지 모르는 폭탄을 안고 있는 것과 같다. 만일 방부제가 없는 화장품을 구매한다면 소비자들은 화장품의 오염 정도를 항상 걱정하며 사용해야 한다.

화학 방부제는 몸에 좋지 않으니 천연방부제가 들어있는 제품을 사용하라는 블로거의 글을 보면 혀를 차게 된다. 물질을 얻게 되는 과정의 차이이지 살균보존제라는 본래의 목적은 다르지 않기 때문이다. 신체에 유해하다고 알고 있는 파라벤도 사용 함량에 따라 유해도가 결정될 뿐 화장품에 적용되는 양은 전

• KFDA(식품의약품안전처)가 제시한 '화장품의 미생물 한도 기준 및 시험방법 가이드라인'

혀 유해하지 않다.

무해하다는 논문이 유해하다는 논문보다 수천 배 많지만 아직도 사람들의 머릿속에 파라벤은 나쁜 물질이다. 'The dose makes the poison 독성을 결정하는 것은 양이다'. 독성학의 기본 원칙으로 아무리 좋은 성분도 과량을 사용하면 독이 되고 독성이 있는 성분도 인체가 분해 할 수 있는 양을 사용하면 긍정적인 목적으로 사용할 수 있다.

화장품에 사용되는 방부제는 나쁜 성분이 아니다. 좋은 제품이 효능을 유지할 수 있게 도와주는 원료이다. 방부제로 인하여 피부 트러블이 생기는 것이 아니라 제품의 질이 좋지 않아서 문제가 생기는 것이다. 수많은 블로거와 각종 매체에서 파라벤을 포함한 방부제를 근거 없이 나쁜 물질로 표현하였고, 정확한 지식보다는 마케팅 도구로 사용한 화장품 회사들로 인해 방부제는 슬픈 원료가 되었다.

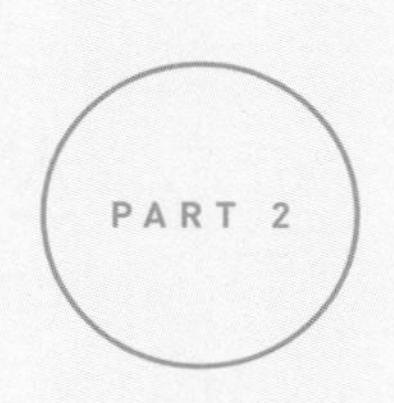

화장품의 구분

ALL THAT COSMETIC

01 스킨

: 쉿! 피부 정돈하는 중

대한민국 여성들이 사용하는 화장품 수가 평균 15개라고 한다. 기초화장품만 해도 스킨, 로션, 에센스, 크림은 거의 필수이고 시간대나 계절 또는 피부 타입에 따라 몇 가지가 추가되기도 하고 귀차니즘에 의해 축소되기도 한다.

필수 4종을 과학적으로 구분하면 어떻게 될까? 스킨 1종과 로션, 에센스, 크림을 묶어 총 2가지로 구분 지을 수 있다. 스킨을 제외한 세 가지 제품은 오일상과 수상을 유화제가 유화시킨 제형으로 에멀전Emulsion이라고 부른다. 반면 스킨은 정제수를 포함한 수용성 원료가 대부분을 차지하고 극미량의 오일과 향이 계면활성제에 의해 가용화Micelle된 제형이다. 에멀전과 가용화 제형은 제조 방법부터 피부에 주는 역할까지 완벽히 다른 제품이다.

스킨이라는 단어를 들었을 때 떠오르는 이미지는 찰랑찰랑거리는 액체일 것이다. 시중에 판매되는 스킨의 90% 이상은 정제수와 폴리올 그리고 수용성 보습 성분으로 이루어진 제품이다. 오일이 함유된 경우도 있으나 양이 적고 왁스나 버터가 거의 없기에 스킨만으로 피부에 영양분을 공급하기에는 한계가 있다. 스킨을 다른 제품과 반드시 같이 사용해야만 하는 이유이다.

화장품 사용 단계에서 스킨을 가장 먼저 사용하는 이유는 스킨 이후 사용하는 제품들의 흡수력을 높이고 깊숙이 침투할 수 있도록 도와주기 때문이다. 떨어질 듯 말 듯 피부에 붙어있는 묵은 각질이 세안 시 제거되면 스킨은 남아 있는 각질을 고르게 펴주는 역할을 한다.

또한, 세안으로 인해 일시적으로 높아진 피부 pH를 정상으로 빠르게 회복시켜 주기도 한다. 피부 pH는 5.5~6.5 사이인데 대부분의 클렌징 제품은 pH 9.0 이상의 약알칼리성으로, 세안 이후 pH를 일시적으로 상승시킨다. 피부 정돈과 pH 회복이 스킨의 가장 큰 역할이다. 스킨에 함유된 소량의 오일은 각질 사이사이를 적셔주면서 피부 속까지 훑고 내려가는데 이후 사용하는 에센스와 크림이 빠르게 흡수될 수 있도록 길을 터놓는 일도 한다. 물론 스킨에 함유되어 있는 효능 물질들도 각자의 자리에서 피부에 양분을 공급해주는 일을 한다.

스킨을 세부적으로 나눠 보면 물과 같은 액상 스킨과 꿀과 같이 점도가 높은 끈끈한 스킨으로 구분할 수 있다. 물 스킨은 화장 솜에 묻혀 피부를 닦아내는 데 사용하기 좋은 제품이다. 피부 결을 정돈하는 것에 주안점을 두었으며 오일과 폴리머가 없기에 영양 공급 능력은 낮다.

점도가 높은 스킨에는 보통 히알루론산이나 셀룰로오스와 같이 수분 공급력이 우수한 폴리머가 사용되는 경우가 많다. 수분감을 느낄 수 있기 때문에 청량한 사용감을 원하거나 수분이 부족하여 지속적인 수분 공급이 필요한 피부에 적합하다.

우유처럼 뿌옇거나 불투명한 스킨에는 소량의 오일이 들어있다. 건조함을 많이 느끼는 극건성 피부는 오일이 함유되어 있는 스킨으로 피부를 정돈하는 것이 좋다. 스킨에 있는 오일이 피부가 빠르게 마르는 것을 막아주고 뒤이어 사용되는 제품의 흡수력을 높여주기 때문이다.

만일 화장품 다이어트를 한다면 스킨을 생략하고 세안 이후 바로 에멀전 제품을 사용해도 괜찮다. 대신 아스트린젠트나 필링 제품을 가끔씩 사용하면서 피부를 정돈해 준다면 에센스나 크림과 같은 에멀전 제품의 효과를 높여줄 수 있다.

02 에멀전

: 화장품의 남과 북: O/W와 W/O 에멀전

스마트폰을 새로 장만할 때면 기기의 스펙을 살피고 디자인을 따져보며 여러 번 고심하여 지갑을 연다. 스마트폰뿐만 아니라 각종 전자기기를 구매할 때는 스펙이라 불리는 내외부 사양을 따지고, 옷이나 가방을 살 때는 디자인을 중점적으로 살펴보고 구매한다.

그렇다면 화장품을 살 때 사람들은 어떤 점에 초점을 맞추고 판단할까? 광고 모델? 가격? 아마도 제품의 효과를 가장 중요하게 생각할 것이다. 물론 직접적으로 드러나는 효과도 중요하지만, 제품을 뒷받침하는 제형 기술도 확인하고 구매하면 효과가 배가될 수 있다.

사실 화장품에 적용된 기술을 알고 싶어도 알 수 있는 방법이 없다. 화장품은 감성적인 제품이기에 기술을 이해하려는 소비자는 거의 없고 제조사에서도 설명할 필요성을 못 느끼기 때문이다. 살펴볼 수 있는 것이라고는 전성분을 읽고 검색을 통해 사용된 원료가 안전한지 아닌지 정도를 파악하는 수준이다. 제품을 판매하는 카운슬러도 소비자들에게 화장품에 적용된 기술을 설명하면 어렵다는 핀잔만 듣는다고 한다.

그러나 화장품 유화 기술에 대한 이해를 높이면 내 피부에 맞는 제품을 선택할 확률을 높일 수 있다. 스킨을 제외한 에센스, 로션, 크림은 유화시킨 에멀전이며 전체 화장품 중 매우 큰 점유율을 차지하고 있다. 유화제 편에서 설명하였듯이 유화는 수상과 유상이 혼합되어 하나의 상으로 존재하는 형태이며, 마요네즈를 만들 때 사용되는 기술이다.

화장품에 적용되는 유화 기술은 오일이 내부에 있고 물이 외부에 있는 Oil in Water O/W 타입과 반대로 물이 안에 있고 오일이 밖에 있는 Water in Oil W/O 타입으로 나뉜다. 같은 에멀전이지만 제조 방식에 따라 다른 제품으로 구분되고 사용감 및 피부에 주는 효과도 달라진다.

O/W 타입 에멀전은 화장품 유화 제형 중 많은 부분을 차지한다. 화장대에 올려져 있는 기초 제품은 대부분 O/W 타입이라고 보면 된다. O/W 제형은 발림성이 좋아 여러 제품을 덧바르기도 쉽고 다른 제품과의 상용성도 우수하다. 우수한 효능을 나타내는 물질 중에는 오일에 녹는 타입이 많은데, O/W 제형은 효능 물질을 내부에 가둘 수 있어 원료 안정성을 장시간 유지할 수 있다.

W/O 타입은 선크림이나 액상 파운데이션 제품에 주로 사용된다. 발림성이 뻑뻑하고 오일이 피부에 붙는 느낌이 들어 사용감이 좋지 않지만 피부 위에 오일로 막을 형성하기에 피부 속 수분이 증발하는 것을 막아준다. 겨울철에는 O/W 제품보다 수분 손실량을 줄일 수 있는 장점이 있어 강한 보습을 원하는

건성 피부 소비자에게 적합하다.

두 타입 중 어느 제품이 더 우수한지 꼭 집어 말할 수는 없다. 수분 손실량만 놓고 보면 W/O 타입이 더 우수하지만, 사용감이 뻑뻑하고 답답한 느낌이 들어 소비자들이 선호하는 제품은 아니다. 두 제형 중 사용감이 우수한 제품을 꼽으라면 대부분 O/W 제품을 선택한다. O/W 타입 제품이 더 편하고 부드럽게 발리며, 다양한 사용감의 제품을 만들 수 있기 때문이다. 화장품을 구매할 때 촉각도 무시할 수 없는 고려 대상이기에 W/O 제형이 거북하다면 굳이 W/O 에멀전을 선택할 필요는 없다.

자외선 차단 제품 중에는 유독 W/O 타입의 제품이 많이 있다. 대부분의 자외선 차단 성분은 오일에 녹기 때문에 피부 외곽에 바르기 위해서는 W/O 타입으로 개발되어야만 한다. 그러나 이제는 기술의 발달로 두 영역의 경계가 허물어지고 있다. 발림성이 개선된 W/O 에멀전이 속속 시장에 출시되고 있으며, 자외선 차단 지수를 높인 O/W 타입 선크림도 개발되었다.

내가 사용하는 제품이 어느 타입의 제품인지 구분하는 법은 상당히 쉽다. 세면대에 물을 받아 놓고 화장품을 떨어뜨리고 손으로 휘저었을 때 물에 풀리면 O/W이고 물에 풀리지 않으면 W/O 에멀전이다. W/O 타입 제품은 옷에 묻으면 잘 지워지지 않으니 주의해야 한다.

화장품의 효과를 판단하는 데 있어 효능 물질이 무엇인지도 중요하지만, 본인 피부에 맞는 타입의 제품을 찾는 것도 필요하다. 화장품의 가장 기본인 제형을 이해한다면 내 피부에 트러블을 유발할 수 있는 제형을 피할 수 있고 제형만으로도 피부 개선 효과를 볼 수 있다. 효과 좋은 화장품을 구매하는 첫 단계는 제형에 대한 이해와 내게 맞는 화장품을 찾는 것이다.

03

클렌징

상황에 맞는 클렌징 제품 찾기

"화장은 바르는 것보다 지우는 것이 중요합니다."라는 광고 문구가 열풍을 일으켰던 적이 있다. 물론 내 피부톤과 피부 타입에 맞는 제품을 사용하는 것이 더 중요하겠지만, 씻어내는 것도 간과해서는 안 된다는 점을 일깨워주는 광고였다. 과거 씻어내는 제품은 비누밖에 없었는데 지금은 색조 화장의 발전에 발맞추어 다양한 클렌징 제품이 등장했다.

클렌징의 역사는 비누에서 시작한다. 동물 기름과 재를 반응시켜 얻은 고체 비누는 피부와 옷에 묻은 각종 오염물질을 효과적으로 제거해 주었다. 비누칠하여 세안하는 것만으로도 병원균에 의해 발생하는 질병을 획기적으로 줄일 수 있을 정도로 비누는 인류의 평균 수명을 연장하는 데 큰 역할을 하고 있다. 비누만 사용해도 일상생활에서 맞닥뜨리는 오염원을 완벽히 제거할 수 있다. 하지만 비누도 기름처럼 피부에 강하게 붙어있는 물질은 쉽게 제거하지 못한다. 또한, 자외선 차단제나 색조 제품을 말끔하게 제거하는 데 한계가 있다.

'유화제와 계면활성제' 편에서 언급했던 계면활성제를 주인공으로 개발된 화장품이 바로 클렌징 제품이다. 색조 화장품은 오일과 '분체'라 불리는 물에 녹지 않는 고운 가루로 만들어졌다. 화장이 잘 받고 진한 제품이란 의미는 오일이 피부에 잘 스며들고 색 가루가 피부 위 미세한 주름과 구멍을 완벽히 메꾼 제품을 뜻한다. 피부 위에 녹아든 오일과 색 가루를 떼어내기 위해서는 비누보다 강력한 클렌징 제품이 필요하다.

클렌징 제품 중 가장 세정력이 좋은 제품을 꼽으라면 클렌징 오일이 단연코 1등이다. 이유는 간단하다. 클렌징 오일을 사용하면 메이크업에 사용된 오일과 색 가루가 클렌징 오일에 녹아

내리기 때문이다. 클렌징 오일에 사용되는 원료는 모든 메이크업을 녹일 수 있어야 하기 때문에 다양한 오일의 조합으로 만들어진다.

일반적으로 극성Polarity을 가진 오일도 사용되는데, 극성이 강할수록 피부 자극을 유발할 수 있는 요인이 될 수 있기에 피부 트러블이 심한 사람은 사용을 자제하는 것이 좋다. 클렌징 오일을 장시간 사용하거나 눈에 들어가면 자극이 발생할 수 있어서 사용 시간을 짧게 하고 메이크업이 녹아내렸다면 바로 2차 세안을 하여 클렌징 오일까지 전부 제거하는 것이 바람직하다. 그래도 자극이 걱정된다면 피부 자극 테스트까지 거친 제품을 사용하면 좋다.

클렌징 폼은 비누와 유사한 제품이다. 비누를 물에 녹이고 액상 계면활성제를 섞으면 클렌징 폼과 같아진다. 클렌징 오일에 비해 덜 자극적이고 비누보다는 세정력이 강하다. 공해와 미세먼지가 강력해지면서 피부에 달라붙어 떨어지지 않는 오염물질이 증가했기 때문에 클렌징 폼의 세정력도 발맞추어 점점 강해지고 있다. 최근 개발되는 클렌징 폼은 세안의 즐거움을 주기 위해 더욱 조밀하고 풍성한 거품을 만드는 데 초점을 맞추고 있다.

또한, 클렌징 본연의 기능 외에도 물리적 필링이 가능하도록 미세 알갱이를 넣은 제품도 있다. 클렌징 폼 중에는 약산성 클렌징 폼이라 하여 피부 pH에 맞춘 제품이 있다. 한때 '도브'라는 브랜드에서 약산성 비누를 대대적으로 광고했지만 큰 반향을 일으키지 못하고 사라졌었는데, 몇 년이 지난 후 클렌징 폼에 다시 적용되었다.

정상인의 피부 pH는 5.5에서 6.0 사이를 유지하지만 아토피 환자의 pH는 다소 높은 7.0을 보인다고 한다. 높아진 pH가 아토피의 결과인지 원인인지는 알 수 없으나 아토피 진행 과정 중에 일어나는 현상임은 확실하고 아토피 진단에 참고가 되는 자료이다. 피부 pH를 정상으로 돌려주는 것도 아토피 치료의 일환으로 시행되고 있다. 대부분의 클렌징 폼은 pH 9.0 이상의 약 알칼리 제품인데, pH가 높아야 세정력이 우수하기 때문이다. 약산성 클렌징 폼은 세정력이 다소 낮지만 아토피 환자나 피부 장벽이 약한 소비자라면 해당 제품을 사용하는 것이 바람직하다.

클렌징 크림은 클렌징보다 마사지를 위해 개발된 제품에 더 가깝다. 일반 크림 대비 오일 함량이 상당히 높은 제품으로 피부 위에서 오랜 시간 문지를 수 있게 개발되었다. 저자극 오일을 사용하기 때문에 장시간 사용해도 피부 트러블을 걱정할 필요가 없다. 하지만 클렌징 능력이 강한 오일이 아니기 때문에 클렌징 크림만으로 클렌징을 하기에는 무리가 있다. 이름은 클렌징이지만 마사지 크림으로 보는 것이 적합하다.

마지막으로 몇 년 전부터 저자극 클렌징으로 인기를 끌기 시작한 클렌징 워터가 있다. 클렌징 워터는 계면활성제가 함유된 정제수이다. 클렌징 오일만큼 클렌징 능력이 강하지는 않지만 자극이 적어 민감성 피부를 가진 사람들이 많이 사용한다. 가벼운 메이크업을 하였다면 클렌징 워터와 클렌징 폼만으로도 충분히 메이크업을 지울 수 있다. 색조 화장이 짙은 눈과 입술은 립&아이 리무버를 사용하고 얼굴 전면부는 클렌징 워터를 사용하면 자극 없이 메이크업을 지울 수 있다.

잦은 야근과 음주에 지쳐 집에 들어오면 바로 침대에 눕고 싶겠지만, 10분의 투자가 다음 날 당신의 피부를 결정한다. 좋은 피부를 갖기 위해 많은 돈과 시간을 들여 좋은 화장품을 발라주었는데 10분이 아까워서 메이크업을 지우지 못하고 잠든다면 다음날 거울을 보고 경악할 수도 있다. 그럴 바에는 차라리 화장품을 바르지 않는 편이 더 나을 수도 있다. 하루의 마무리를 클렌징으로 끝내면 다음 날 맑고 깨끗한 피부로 아침을 맞이할 수 있다.

04 : 마스크팩

마스크팩 해부학

누구나 한 번쯤은 소개팅을 앞둔 저녁에 마스크팩을 올려놓은 채 잠든 기억이 있을 것이다. 십여 년 전만 해도 마스크팩은 특별한 날에만 사용하는 일회성 제품이었다. 그러나 불과 몇 년 사이에 마스크팩 시장은 급팽창했다.

세계적인 시장조사기관인 유로모니터에 따르면 글로벌 마스크팩 시장규모는 2018년 8조 75억 달러로 2016년 57억 달러 대비 32% 성장하였다. 이는 기초화장용 제품 중 가장 높은 증가율이다. 길거리 로드숍에서 판매하는 저가 아이템부터 한 장에 십만 원이 넘는 초고가 마스크팩까지 스펙트럼도 다양하다.

마스크팩 하나로 기업 가치가 10배 넘게 상승한 회사도 생겨났고 관련 기술도 크게 발전하였다.

마스크팩이 히트 상품이 된 첫 번째 이유는 홈쇼핑에서 보여주는 시각적 효과와 카운슬링 기법이 마스크팩과 절묘하게 맞아떨어졌기 때문이다. 마스크팩은 개당 한 개씩 포장되어 있기 때문에 매장에서 소비자를 대상으로 시연할 수 없는 제품이다. 매장에서 직접 발라보고 구매할 수 있는 다른 제품들보다 판매량이 낮을 수밖에 없었다.

그러나 홈쇼핑에서는 쇼호스트들이 얼굴에 마스크팩을 붙여놓고 맛깔나게 제품을 소개해주니 직접 체험하는 것과 동일한 느낌을 전달할 수 있게 되었다. 오히려 크림이나 에센스보다 시각적 차별성을 더 잘 보여줄 수 있었고 높은 매출로 연결되었다. 또한 저렴한 가격에 대량으로 구매할 수 있다는 점도 효과적으로 작용했다.

마스크팩의 두 번째 도약은 한류 열풍을 등에 업고 진출한 중국에서의 대성공을 발판으로 이루어졌다. 마스크팩을 붙이고 거리를 다니는 여성의 사진이 인터넷에 올라올 정도로 중국인들은 마스크팩을 좋아한다. 마스크팩 한 장에 과량의 에센스가 함유되어 있어 단기간에 효과를 볼 수 있고, 가격이 저렴하다는 장점 때문에 마스크팩 구매 비중이 높다고 한다. 한국 여성들의 아름다움과 이를 뒷받침하는 한국 화장품의 우수한 기술이 알려지면서 국내에서 제조한 마스크팩의 수출이 급속도로 증가했다. 중국 시진핑 국가주석의 부인 펑리위안 여사도 한국에 방문했을 때 마스크팩을 구매했다는 얘기가 돌 정도로 중국인들은 'Made in Korea'라고 적힌 마스크팩을 좋아한다. 명동에서 양손에 마스크팩을 가득 담은 쇼핑백을 든 유커를 찾아보는 것은 어렵지 않다.

마스크팩의 흐름을 보면 크게 두 번 변화한 것을 알 수 있다. 1세대 마스크팩은 우리가 익히 알고 있는 부직포 마스크팩으로, 한지나 셀룰로오스 등의 원단을 직조 방식으로 만든 부직포에 에센스를 적셔 놓은 제품이다. 부직포는 에센스를 장시간 피부에 올려놓을 수 있는 지지체의 역할만 했다.

그 후 하이드로겔로 만든 2세대 마스크팩이 탄생했다. 투명하고 묵처럼 생긴 겔이 얼굴에 닿는 순간 시원한 느낌을 전해주는 하이드로겔은 피부에 수분을 장시간 공급해 줄 수 있는 장점으로 여름철 필수 아이템이 되었다. 사람들의 입소문을 타고 불티나게 판매되기 시작한 첫 마스크 제품으로 한동안 마스크팩이라 하면 하이드로겔 마스크를 연상하였다.

3세대 마스크팩은 미생물 발효 기법으로 탄생한 바이오 셀룰로오스 마스크팩이다. 바이오 셀룰로오스 마스크는 밀착력이 우수하고 부드러워 제2의 피부라고도 불리는 제품이다. 피부를 부드럽게 감싸주며 무엇보다 피부에 착 달라붙는 느낌이 좋아서 소비자들의 사랑을 듬뿍 받았다.

마스크팩은 과량의 에센스를 피부에 장시간 공급할 수 있게 만들어진 제품이다. 우리가 보통 1회 사용하는 에센스의 양은 0.2g 정도이지만, 마스크팩에는 5~10g 정도의 에센스가 들어가 있다. 또한, 10분 이상 피부에 올려놓기 때문에 피부에 흡수될 수 있는 시간도 길다. 물론 20배 많은 에센스를 한 번에 바른다고 20배의 효과가 나타나는 것은 아니다. 하지만 일시적으로 많은 양의 영양분을 피부에 공급하면 기초화장품만으로는 얻을 수 없었던 효과를 단기간에 볼 수 있다.

어느 유명 메이크업 아티스트는 자신의 노하우 중 하나로 메이크업을 하기 전 마스크팩을 피부에 15분간 올려놓고 시작한다고 한다. 마스크팩을 하면 과량의 수분과 오일이 피부로 스며들어 평소보다 피부가 더 촉촉해지고 부드러워지기 때문이다. 또한 피부에 충분한 수분이 흡수된 상태이기 때문에 피부가 깨끗하게 정돈되어 화장이 더 잘 받는다. 여름철 강한 열기로 지친 피부 위에 시원한 마스크팩을 올려놓으면 피부를 진정시킬 수 있는 것은 덤으로 얻을 수 있는 효과이다.

마스크팩은 쓰러져 가는 피부를 살리는 피부 제세동기이다. 하루하루 번아웃으로 정신과 신체가 피폐해지면 피부도 힘을 잃는다. 침대에 누워 마스크팩 한 장 올려놓고 좋은 음악 들으며 기분 좋은 생각을 하면 몸도 마음도 피부도 회복될 것이다.

05 필링 제품

: 피부 정돈의 마술사

밥 먹을 시간도 줄이고 시간을 쪼개 파운데이션을 바르고 정성 들여 메이크업까지 했는데 화장이 들뜨기 시작한다면 하루를 망친 기분으로 출근할 수밖에 없다. '오늘은 화장이 잘 먹지 않아.', '왜 이렇게 화장이 들뜰까?'라고 짜증 내며 메이크업 제품을 바꿔야겠다고 생각하지만 사실 메이크업 제품은 잘못이 없다.

아무리 천재적인 화가라도 울퉁불퉁한 시멘트벽에 정교한 그림을 그릴 수는 없다. 더욱이 입체적인 얼굴 위에 다양한 도구를 이용하여 파스텔 색상을 입히기 위해서는 무엇보다 그림이 그려지는 바탕의 상태가 중요하다. 피부 컨디션이 나쁘면 좋은 화장이 나올 수 없는 이치이다.

피부 최외곽층에는 각질이라 불리는 죽은 세포들이 층층이 쌓여 있다. 각질은 시간이 지남에 따라 자연스럽게 피부에서 떨어져 나가고 새로운 각질이 그 자리를 대신한다. 새롭게 만들어진 각질 세포가 피부 외곽까지 올라와 떨어지기까지 보통 4주가 걸리는데 이를 '각질 턴오버'라고 부른다.

메이크업의 성공 여부는 각질 교체 타이밍과 밀접한 연관이 있다. 각질이 한 번에 깔끔하게 떨어지지 않고 덜렁거리며 덕지덕지 붙어있으면 화장이 균일하게 이루어지지 않는다. 대패질로 평평해진 나무와 껍질이 그대로 있는 나무에 페인트칠을 해보면 그 차이를 쉽게 알 수 있다. 같은 맥락에서 각질이 정돈되지 않은 상태에서 화장을 하면 화장이 들떠 보일 수밖에 없다. 또한, 턴오버 주기가 길어져 오래된 각질이 쌓이면 피부톤이 어두워지고 생기 없어 보인다. 전반적으로 메이크업이 두터워지고 불균일해진다.

맑고 깨끗한 피부색과 매끈한 피부 결을 얻기 위해 제일 먼저 해야 하는 일은 각질 정돈이다. 각질은 죽어서 생명을 다한 피부 세포가 밖으로 이동하면서 겹겹이 쌓여 만들어진 피부 보호층이다. 외부 환경으로부터 신체를 보호해주는 최전방 수비수인 셈이다. 화장이 잘 받는 것뿐만 아니라 우리 몸을 보호하기 위해서도 각질 턴오버는 정상적으로 이루어져야 한다. 그러나 음주, 수면 부족, 스트레스 등 다양한 요인으로 각질 턴오버 주기가 불규칙해지면 각질이 누적되어 쌓이고 피부 경고등이 울리기 시작한다. 이럴 때는 인위적으로 턴오버를 촉진하는 필링이 필요하다.

목욕탕에서 때를 밀고 나면 피부 결이 부드러워지듯이 필링을 하고 나면 얼굴 피부가 매끈해진다. 떨어질 듯 말 듯 한 각질이 제거되어 피부 요철이 줄어들기 때문이다. 또한, 피부색도 맑게 바꿀 수 있다. 외부 환경에 노출된 각질은 오래될수록 검게 산화되고 균일하지 못한 피부톤을 만든다. 검게 변한 각질이 떨어지고 밝은색의 속 각질이 그 자리를 대신하면 피부가 한층 밝아진 느낌을 받게 된다.

필링은 화장품의 피부 흡수도 증가시킨다. 화장품은 각질 사이를 통과하여 피부 속으로 흡수된다. 도랑을 정돈해야 논으로 흐르는 물 공급이 원활해지듯이 각질이 정돈되면 화장품이 피부 속으로 쉽고 빠르게 막힘없이 흡수될 수 있다.

마지막으로 각질이 정돈된 얼굴은 화장이 잘 그려지고 오랫동안 유지된다. 그림을 그리기 전에 종이에 묻어 있는 먼지를 제거하듯 들떠 있는 각질을 제거하면 피부가 평평해져 메이크업이 한결 쉬워진다. 오후에 각질이 뜨는 일도 생기지 않기에 아침에 한 화장이 하루 종일 지속된다.

필링은 물리적인 도구를 사용해 각질을 벗겨내는 방법과 화학성분으로 각질을 녹여내는 두 가지 방법으로 나뉜다. 물리적 제거는 클렌징 폼에 주로 적용되는 방식으로 제품에 들어있는 스크럽제가 피부와 마찰을 일으키면서 각질을 벗겨내는 방식이다. 그러나 두터운 각질을 제거하는 데 한계가 있고 고르게 이루어지지 않는다는 단점이 있다. 그래서 요즘에는 화학적 필링 제품이 들어있는 화장수를 많이 사용하는데 대표적인 화학적 필링 원료로는 AHA와 BHA가 있으며 둘의 효과 차이는 그리 크지 않다.

AHA는 수용성 과일산 종류가 많으며 전성분상에 글리콜릭산과 락틱산으로 표시된다. BHA에 비해 피부 자극이 적어 건조하거나 민감한 피부를 가진 소비자에게 적합하다. 물에 녹는 수용성 성분으로 피부층이 두텁고 건조한 중건성 피부 타입에 추천할 만한 제품이다.

BHA의 대표적인 성분으로는 살리실산이 있다. AHA와 달리 지용성 성분으로, 모공을 막고 있는 각질 제거에 효과적이기에 지성 또는 트러블성 피부에 효과적이다.

각질이 제거되면 피부톤이 맑아지고 화장이 잘되는 장점이 있지만 각질은 피부를 보호하기 위해 반드시 필요한 존재라는 것을 간과해선 안 된다. 필링 제품을 매일 사용하여 각질이 심하게 제거되면 피부가 얇아지고 약해진다. 또한 자외선에 쉽게 공격받아 색소가 침착되고 광노화가 진행되는 단점이 있다. 맑아진 피부를 기대하고 필링을 했는데 오히려 자외선에 의해 피부톤이 어두워지는 부작용이 발생할 수 있다. 국내 규정상 필링 원료의 허용치가 정해져 있기에 안전하게 사용할 수 있으나, 해외 필링 제품은 AHA와 BHA 함량이 높아서 피부 자극이 발생할 수 있다. 필링 제품 사용 시 피부가 따끔거리고 붉어진다면 바로 중단해야 한다.

필링은 주 1회 정도가 적당하고 민감성 피부는 피부 상태에 따라 필링 주기를 길게 하는 것이 좋다. 필링 후에는 보습크림으로 예민해진 피부를 가라앉혀 주면 더 좋다. 필링 후 약해진 피부에 레티놀 등 자극적인 성분이 함유된 화장품을 사용하면 피부 트러블이 생길 수 있기에 레티놀이나 비타민 함유 화장품 사용은 자제하는 것이 좋다. 필링을 한 다음 날에는 자외선 차단제를 꼼꼼히 발라주어 약해진 피부를 자외선으로부터 보호해야 한다.

화장하기 전에 스팀타월을 얼굴 위에 올려놓고 10분간 마사지를 하면 각질이 정돈되어 화장이 더 잘 받는다. 화장이 잘 안

받을 때 한 번씩 해보면 효과를 볼 수 있다. 화장이 잘 받지 않는다고 퍼프로 연신 얼굴을 때려 보아도 화장은 더 망가질 뿐이다. 종이가 깨끗해야 아름다운 그림이 그려질 수 있듯이, 각질을 정돈해야 원하는 메이크업을 완성할 수 있다.

06

자외선 차단제

가장 강력한 피부 방패

무인도에 단 하나의 화장품만 가지고 갈 수 있다면 무엇을 선택해야 할까? 두말할 것 없이 자외선 차단제를 챙겨야 한다. 자외선 차단제는 피부를 지키는 가장 강력한 방어무기이자 최후의 보루이다. 그 어떤 화장품도 해낼 수 없는 일을 하는 제품이 바로 자외선 차단제이다.

태양광선은 파장에 따라 자외선, 가시광선 그리고 적외선으로 구분된다. 우리가 사물의 형태를 볼 수 있는 영역은 가시광선으로, 파장에 따라 무지갯빛으로 나누어진다. 가시광선보다 긴 파장의 빛은 적외선으로, 열을 발산하기 때문에 소독이나 멸

균 또는 종양을 제거하는 레이저 빔에 사용된다. 피부를 괴롭히는 자외선은 짧은 파장의 빛으로, 파장이 짧아질수록 UVA, UVB, UVC로 구분된다. UVA는 주름 형성, UVB는 피부 흑화와 연관 있으며 UVC는 구름과 오존에 막혀 지표면에 도달하지 못하기에 우리의 관심사는 아니다.

자외선 차단제에 표시된 SPF Sun Protection Factor 지수는 UVB를 막을 수 있는 능력을 수치로 표현한 것이다. 자외선 차단제를 바른 부위와 바르지 않은 부위에 동일한 양의 UVB를 조사한 후 벌게진 정도를 수치화하여 숫자로 표시한 것이 SFP 지수이다. 쉽게 표현하면 SPF 15는 93%의 자외선을, SPF 30과 50은 각각 97%, 98%의 UVB를 차단할 수 있는 능력을 의미한다. 다른 나라에서는 100+ 제품도 있지만 수치가 낮은 제품과 비교 시 큰 효과는 없다. 자외선 차단제는 수치가 높은 제품을 사용하는 것보다 수치가 낮더라도 자주 발라주는 것이 효과가 더 크다.

자외선 차단제에는 PA라는 또 다른 지수가 SPF와 함께 적혀 있다. PA는 UVA를 차단하는 능력이다. UVA가 주름 형성에 직접적인 영향을 미친다는 연구결과가 발표된 이후 관심도가 증가하였다. SPF가 피부가 붉어지는 정도를 측정한 것이라면 PA는 피부가 검어지는 정도를 측정하여 '+' 수로 표시한다. 쉽게 표현하면, '+'가 한 개면 안 바른 것보다 UVA 차단 효과가 2배이고 '+++'면 8배 차단할 수 있다는 의미이다. PA 측정법은 나라마다 달라 해외 제품과 국내 제품의 '+' 개수를 동등하게 볼 수는 없지만 '+'가 많을수록 UVA 방어 능력이 증가하는 것은 같다. 하지만 PA 지수도 SPF와 마찬가지로 '+'가 높은 제품을 한 번 바르는 것보다는 자주 발라주어야 효과를 볼 수 있다.

과거에는 높은 SPF와 PA 지수 제품을 개발하는 것이 제조회사의 기술에 따라 결정되었다. 국내 제품은 차단 지수가 높으면 사용감이 좋지 않아 소비자들의 외면을 받았었다. 다른 화장품과 달리 자외선 차단제는 국내 제품과 해외 제품의 기술적 차이가 컸고 높은 지수를 가지며 사용감도 우수한 제품을 개발한다는 것이 쉽지 않았다. 하지만 국내 화장품 제조업체의 기술력 향상으로 최근 출시되는 제품은 모두 높은 SPF와 PA 지수를 가지고 있으며 사용감도 우수해 굳이 해외 브랜드 제품을 구매할 필요가 없어졌다.

자외선 차단제 성분은 무기 자외선 차단제 이하 무기 차단제 와 유기 자외선 차단제 이하 유기 차단제 로 나눌 수 있다. '유기'는 탄소화합물로 이루어진 물질을 의미하며 탄소를 뼈대로 하여 수소, 산소, 질소 등으로 이루어진 화합물이다. 반면 '무기'는 탄소화합물 이외의 화학물질을 의미한다.

유기 차단제는 피부에 전달되는 400나노미터 nm 이하 자외선을 직접 흡수한 후 열에너지로 바꾸어 방출시킨다. UVB를 흡수하는 차단 성분이 많으며 UVA에 대한 흡수력은 약한 것으로 알려져 있다. 어떠한 형태로든 에너지를 피부로 전달하기 때문에 피부에 자극을 줄 수 있으며 특히 열에 민감한 사람은 사용하지 않는 것이 좋다. 반면, 무기 차단제는 작은 파우더 성분으로 구성되어 있으며 자외선을 산란 및 반사해 피부를 보호한다.

유기 차단제의 가장 큰 장점은 피부가 하얗게 일어나는 백탁현상이 발생하지 않고 화장품에 사용되는 오일과 혼용성이 좋기에 우수한 사용감의 제품을 개발할 수 있다는 점이다. 하지만 유기 차단제는 자외선을 흡수하여 열에너지로 바꾸기 때문에 피부 온도를 상승시킬 수 있고 피부 자극을 유발할 수도 있다. 이러한 이유로 유기 차단제가 사용된 자외선 차단제를 사용하지 않는 소비자도 있다.

〈유기 자외선 차단 성분표〉

성분명	함량	UV 구분	λ max
멘틸안트라닐레이트	~5%	UVA	335
벤조페논-3	~5%	UVA	325
벤조페논-4	~5%	UVA	324
벤조페논-8	~3%	UVA	327
부틸메톡시디벤조일메탄	~5%	UVA	358
시녹세이트	~5%	UVB	310
옥틸트라이존	~5%	UVB	312
옥토크릴렌	~10%	UVB	303
옥틸디메칠파바	~8%	UVB	311
옥틸메톡시신나메이트	~7.5%	UVB	311
옥틸살리실레이트	~5%	UVB	307
파라아미노안식향산	~5%	UVB	283
2-페닐벤즈이미다졸-5-설폰산	~4%	UVB	310
호모살레이트	~10%	UVB	306

글리세롤파바	~3%	UVB	297
드로메티리졸	~7%	UVB	314
3-(4-메칠벤질리덴)-캄파	~5%	UVB	300

무기 차단제는 자외선을 물리적으로 산란시키는 분체로, 자극 없이 자외선으로부터 피부를 방어할 수 있다. 거의 모든 자외선 차단 제품에 첨가되며 주로 파운데이션 같은 메이크업 베이스 제품에 많이 사용된다. 과거에 사용되던 무기 차단제는 입자 크기가 커서 산란 효과가 크지 않아 피부 도포 시 피부가 하얗게 보이는 단점이 있었다. 최근에는 입자 크기를 작게 줄인 원료들이 개발되면서 위와 같은 문제가 많이 해결되었다.

무기 차단제는 주로 UVA를 산란시키기 때문에 주름 형성 억제에 효과적이며, 유기 차단제와 달리 열에너지를 발생시키지 않아 피부 트러블이 심한 사람이나 어린이들에게 적합하다. 무기 차단제는 UVA에 대한 방어가 확실하고 피부 트러블을 유발하지 않는 장점이 있으나 약하게나마 백탁 현상이 발생하고 분체 특성상 뻑뻑하게 발리는 사용상의 단점이 있다.

〈무기 자외선 차단 성분표〉

성분명	함량	UV 구분
징크옥사이드	~25%	UVA
티타늄옥사이드	~25%	UVA

최근 SPF와 PA에 이어 '지속 내수성'을 표시한 자외선 차단제 제품도 출시되고 있다. 내수성이란 물에 씻기지 않는 정도를 의미하며 자외선 차단제가 피부에 오래 머물 수 있는 능력을 표현한 것이다. 아무리 자외선 차단제가 훌륭해도 흐르는 땀이나 물에 쉽게 씻겨 내려간다면 효과를 발휘할 수 없다. 그렇기 때문에 내수성 자외선 차단제는 여름철 운동을 할 때나 해변에서 놀 때 중요한 선택 포인트이다. 자외선 차단제를 바르고 일정 시간 욕조에 몸을 담근 뒤에 건조하는 과정을 반복한 후 자외선 차단력이 50% 이상 유지되면 내수성 지수를 부여한다.

대부분의 화장품 제형이 O/W인 것에 반하여 자외선 차단제는 W/O 제형이 많다. 자외선 차단제 성분이 오일에 녹는 성분이어서 W/O 에멀전이나 오일 100%로 이루어진 스틱 제형을 만들기 쉽기 때문이다. 이러한 이유로 기름진 사용감을 좋아하지 않는 사람들은 자외선 차단제 사용을 거북하게 여기고 피부 트러블이 심한 사람들은 사용 자체를 꺼린다.

그러나 자외선 차단제를 사용하지 않는 것은 피부 관리를 포기하겠다는 의미와도 같다. 기술의 발달로 사용감을 개선한 O/W 제형 자외선 차단제와 피부 트러블을 획기적으로 낮춘 제품들도 많이 출시되고 있으니 자신에게 맞는 자외선 차단제를 찾아 나가는 여정을 할 필요가 있다.

PART 3

화장품으로 다스릴 수 있는 피부 고민

ALL THAT COSMETIC

01 :

보습

화장품이 주는 가장 큰 선물

피부가 만들어내는 보습 성분

화장품이 피부에게 주는 가장 기본적이고도 큰 선물은 바로 보습이다. 거의 모든 화장품이 가지고 있는 능력이며 화장품의 시작이자 끝이라고 할 수 있다. '보습지수'는 피부 속 수분 함유량을 의미하지만 피부 속 보습을 증진시키는 세포들이 제 기능을 100% 발휘할 수 있도록 도와주는 일도 화장품의 보습 영역이다. 피부가 만들어내는 보습 성분을 화장품에 넣어 직접적으로 보충해 주는 경우도 있고, 보습 성분을 빨리 만들어 낼 수 있도록 DNA를 자극하는 성분을 넣는 경우도 있다.

피부는 Natural Moisturizing Factor NMF 라고 불리는 보습인자를 스스로 만들어낸다. 천연 보습인자로 불리는 NMF는 물에 녹는 수용성 저분자인 아미노산이 40% 정도 차지하며, 미네랄 성분과 PCA, 락테이트 등으로 구성되어 있다. NMF는 주변 수분을 잡아당겨 머금고 있기 때문에 표피와 각질층이 촉촉이 젖어 있을 수 있도록 도와준다.

신체 부위별로 NMF 함량은 차이가 있는데, 손바닥과 발바닥이 딱딱하고 건조한 것은 아미노산 함량이 다른 부위에 비해 적기 때문이다. NMF의 함량이 적으면 피부가 건조해지는 것도 같은 이치이다. 우리 몸이 NMF를 사시사철 24시간 일정량을 항상 만들어낸다면 화장품을 사용하지 않아도 괜찮다. 하지만 계절과 시간에 따라 만들어지는 양이 다르며 무엇보다 나이와 성별 그리고 사람 개개인에 따라 차이가 크기 때문에 부족한 부분을 화장품으로 보충해 주어야 한다.

특히 아토피 환자는 일반인에 비해 NMF가 많이 부족하여 피부가 항상 건조한 상태로 방치된다. 피부가 가려워서 긁다 보면 피부 외곽층이 붕괴되어 더 건조해지는 악순환에 놓이는 것이 아토피 환자의 가장 큰 문제점이다. 아토피 환자를 위해 개발된 화장품에 천연 보습인자인 NMF가 많이 함유되어 있는데, NMF가 인위적으로 피부의 보습력을 증가시킬 수 있게 도와준다.

NMF 외 피부에 존재하는 또 다른 천연 보습인자는 땀과 피지이다. 여름철 흘리는 땀은 불쾌하고 피지는 피부를 번들거리게 만들어 수시로 제거하지만, 이들이 없으면 피부가 메마르고 푸석해진다. 겨울 피부가 여름에 비해 어떻게 다른지를 보면 쉽게 이해할 수 있다. 피부 내부의 보습을 NMF가 책임진다면 외부는 땀과 피지가 맡고 있다. 땀에 존재하는 젖산과 칼륨이온은 각질을 촉촉하게 만들어주는데, 겨울에 각질이 들뜨고 건조한 이유 중 하나는 땀을 흘리지 않는다는 이유도 있다.

아토피 환자의 각질에 젖산과 칼륨이온이 부족한 것만 보아도 땀이 보습에 도움을 준다는 것을 알 수 있다. 피지는 트리글리세라이드, 왁스, 유리지방산, 스쿠알란으로 구성되어 있다. 트리글리세라이드는 리파아제에 의해 유리지방산과 글리세린으로 분해되고 글리세린은 피부 보습에 중요한 역할을 한다. 폴리올 편에서 설명했듯이 화장품에 글리세린이 많이 사용되는 이유도 보습에 많은 도움이 되기 때문이다.

천연 보습인자가 부족해지면 피부가 건조해지고, 심할 경우 아토피나 극건성으로 피부가 바뀔 수 있다. 피부염과 아토피 환자의 피부를 분석해보면 공통으로 나타나는 현상이 아미노산 함량의 부족이다. NMF는 상당히 작은 분자이지만 피부 곳곳에 위치하여 수분이 날아가지 못하게 잡아주는데, 부족하면 금방 티가 난다. 그래도 다행인 것은 NMF는 화장품에 첨가하기 쉽고 화장품을 통해서 피부로 쉽게 공급할 수 있다는 점이다. 부족한 NMF는 화장품으로 빠르게 보충해 주는 것이 좋다.

화장품 속 보습 성분

앞에서 설명한 천연 보습제는 체내에서 만들어지는 물질로, 피부 속 수분을 머금어 피부를 탱탱하고 탄력 있게 유지해 준다. 천연 보습 성분이 충분히 만들어지고 제때 보충되면 피부

속이 건강해지기 때문에 밖으로 드러나는 피부도 좋아 보일 수 밖에 없다.

반대로 보습 성분이 부족하다면 피부는 말라버린 진흙처럼 푸석해지고 탄력을 잃게 된다. 보습 성분은 각질 안정화에도 영향을 미치며, 보습지수가 낮아지면 각질 턴오버도 불규칙적으로 바뀌어 안색이 어두워지고 피부 결도 안 좋아진다.

천연 보습제가 사시사철 나이, 성별, 지역 구분 없이 언제나 충분하게 만들어지면 좋겠지만, 주변 환경과 신체 나이 및 성별에 따라 생산량이 달라진다. 심지어 스트레스나 수면의 질 등 정신적 요소에 따라서도 변한다. 이 때문에 화장품을 사용하여 인위적으로 보습 성분을 보충해 주어야 피부의 건강을 계속 유지할 수 있다.

화장품의 보습 성분은 크게 에몰리언트 Emollient 와 휴멕턴트 Humectant 로 구분된다.

	에몰리언트(Emollient)	휴멕턴트(Humectant)
특징	물과 잘 안 섞인다	물과 잘 섞인다
생체성분	피지, 세포간지질	NMF, 아미노산, 미네랄, 유기산
화장품 성분	바세린, 오일	글리세린, 히알루론산

에몰리언트는 물과 섞이지 않는 오일 성분으로 각질 틈과 피부 외곽에 오일막을 만들어 피부 표면에서 증발하는 수분을 잡아준다. 수분 감옥을 만드는 것이 화장품 속 에몰리언트의 의무이다. 또한, 피부세포 사이사이에 스며들어 피부의 움직임을 부드럽게 만들어준다. 마치 기계 사이에 발라주는 윤활유와 같다고 볼 수 있다. 앞에서 오일을 '피부를 위한 에너지바'라고 묘사한 것도 오일이 보습지수를 높여주어 피부를 건강하게 만들기 때문이다.

반면 휴멕턴트는 수분의 공급을 증가시키기 위해 첨가하는 원료이다. 휴멕턴트는 피부 속으로 침투하여 체내 수분을 끌어당기거나 화장품에 함유되어 있던 정제수를 피부 속으로 끌고 들어가서 부족한 수분을 채워준다. 또는 보습 성분을 만들어내는 유전자를 자극하여 보습 성분의 합성을 증가시킨다. 나이가 들면 신체는 천연 보습 성분을 충분히 만들어내지 못하기 때문에 화장품으로 동일한 보습 성분을 보충해 주는 것이다.

화장품은 에몰리언트와 휴멕턴트라는 성질이 다른 두 부류의 물질을 조화롭게 사용하여 피부 속 보습을 채워주거나 수분이 빠르게 증발하는 것을 막아준다. 체내 보습 성분이 부족하면 미용 문제를 넘어 아토피 피부염으로 확장될 수 있다. 보습력이 약해지면 가장 큰 영향을 받는 부위는 각질층인데, 턴오버가 제대로 이루어지지 않고 체내 수분을 가두지 못하면 피부가 건조해지고 가려운 현상이 발생한다. 가려워서 피부를 긁다 보면 피부 외곽층이 망가지고 수분이 더욱더 빠르게 증가하는 악순환이 지속적으로 발생하게 된다. 약해진 외곽층은 병원균에 의해 쉽게 뚫리고 피부병 발생도 증가시킨다.

반대로 보습지수가 높으면 각질층이 유연해지고 효소 반응이 촉진된다. 유연해진 각질은 피부가 수분을 뺏기지 않고 잡을 수 있도록 도와준다. 효소 반응은 오래된 각질층이 제때 떨어지고 새로운 각질이 올라올 수 있도록 각질 턴오버를 촉진시킨다. 종합적으로 피부 결이 부드러워지고 안색이 밝아지며 수분을 머금은 것과 같이 피부 볼륨이 증가한다. 게다가 가려움이 발생했을 때 자극을 완화시키는 부수적인 역할도 하여 가려움을 없애주고 건강한 피부를 유지시켜 준다.

화장품은 피부 보습을 도와주는 단 하나의 역할만 제대로 해도 사용하는 이유가 충분하다. 화장품이 피부 질병의 근본적인 해결책은 될 수 없지만, 질병이 생기지 않도록 예방해 주고 아름다운 피부를 완성해 주는 최고의 생필품인 것은 틀림없다.

02

미백

똑똑하게 멜라닌 관리하기

피부를 덮는 멜라닌 물감

먹을 것이 풍족하지 않았던 과거에 하얀 피부와 볼록 나온 배는 부의 상징이었다. 농경사회에서 피부가 하얗다는 것은 햇살 아래 노동을 하지 않아도 충분히 살 수 있다는 말이며, 배가 나왔다는 것은 노동에 사용되는 에너지보다 섭취되는 영양분이 더 높다는 의미이기 때문이다. 산업화가 이루어지고 지식사회로 넘어오면서 더 이상 피부색이 부를 측정하는 척도가 되지 못했지만, 사람들은 아직도 하얀 피부를 가지기 위해 끊임없이 투자하고 병원을 찾다 다닌다. 뽀얀 피부는 지금도 많은 사람들이 꿈꾸는 워너비 피부이다.

흑인, 황인, 백인으로 구분되는 피부색은 그들이 살아온 환경에 적응된 결과이며 이러한 차이를 만들어 낸 제1 요인은 자외선이다. 여름철 태양에 피부가 장시간 노출되면 피부가 벌겋게 익고 화상을 입기도 한다. 노출이 지속되면 피부암으로 발전되기도 한다. 선크림과 기능성 옷이 없던 시절에 자외선을 막아 줄 수 있는 유일한 방어막은 멜라닌 색소였다.

멜라닌 색소는 피부 아래층에서 만들어지는 검은 물감으로, 피부 위로 올라와 피부를 덮는다. 멜라닌은 자외선을 흡수하여 피부가 타는 것을 막고 암으로부터 보호하는 중요한 색소이다. 자외선이 오랫동안 강하게 내리쬐는 아프리카 대륙 주민들은 자외선으로부터 피부를 보호하기 위해 멜라닌으로 몸을 덮는 방법으로 진화한 것이다.

그러나 자외선이 나쁜 영향만 미치는 것은 아니다. 영양섭취가 충분하지 못했던 시절 자외선은 인체가 필요한 에너지를 합성하는 데 필요한 자원이었다. 스모그가 하늘을 뒤덮었던 산업혁명 시절 영국에서는 지표면에 도달하는 자외선의 양이 극도로 감소하였다. 비타민 D는 자외선을 받아야 체내에서 합성할 수 있는데 스모그와 공장 노동 때문에 사람들은 햇빛을 볼 수 없었다. 결국, 자외선을 쬐지 못하여 비타민 D가 결핍된 사람들이 증가하였고 허리가 굽은 구루병 환자가 넘쳐났다.

현대사회에서도 햇빛을 제대로 쬐지 못한 사람들을 보면 낯빛이 창백하고 기운 없어 보이는 것처럼 일상생활을 영유하는데 자외선은 반드시 필요하다. 자외선이 지표면에 도달하는 시간이 짧고 약한 북반구의 주민들은 햇빛을 최대한 많이 받아들여야 했기에 멜라닌 색소가 없는 백인으로 진화하였다. 수천 년간 인류는 자신이 살고 있는 지역의 햇살에서 가장 적당한 양의 자외선을 받아들이기 위해 진화했고, 지역적 차이가 피부색의 차이로 귀결되었다.

검은 피부와 흰 피부가 최적의 자외선량을 받기 위해 진화한 것이라면 푸르고 붉은 계열의 피부는 왜 생긴 것일까? 피부 아래에는 수많은 혈관이 연결되어 있다. 혈관을 돌아다니는 피에는 산소를 운반하는 헤모글로빈 세포가 있다. 붉은 피부를 가진 사람은 헤모글로빈이 산소와 결합력이 좋아 붉게 보이는 것이다. 결합력이 보통 이하면 푸른색 피부 빛을 띤다. 또한 피에는 카로틴이라는 비타민 A로 변하는 물질이 있는데 카로틴 수가 많으면 피부가 노랗게 보인다.

결국, 멜라닌과 카로틴의 양 그리고 헤모글로빈의 산소 결합 능력에 의해 피부색이 결정된다. 더 많은 이유가 있지만 위의 3가지 요인이 결정적 역할을 한다고 볼 수 있다. 어떠한 피부색이든 환경에 가장 잘 적응할 수 있게 만들어진 결과로, 피부색에 따른 우열은 없다.

멜라닌의 탄생

'멜라노사이트'라 불리는 멜라닌 세포는 피부 안쪽에 위치하여 멜라닌 색소를 만들어낸다. 멜라노사이트의 수는 인종이나 피부색에 관계없이 1㎟당 1,200~1,500개로 동일하다고 알려져 있다. 그럼에도 불구하고 흑인의 피부가 검은 것은 멜라노사이트의 크기가 크기 때문이다. 멜라닌 색소는 일정량의 멜라닌을 꾸준히 만들지만 다양한 내외부 자극에 의해 순간적으로 과량의 멜라닌이 만들어지면 기미나 검버섯으로 발전할 수 있다.

또한, 멜라닌 세포가 파괴되거나 색소를 만들지 못하면 백반증이 형성된다. 부분적으로 과도하게 축적된 멜라닌은 피부를 칙칙하게 만들고 생기 없는 사람처럼 보이게 한다. 멜라닌 세포의 양과 분포는 태어날 때 결정되지만 과도하게 생성되거나 한 곳만 집중되어 검어진다면 멜라닌이 피부 위로 올라오는 것을 막아야 밝은 톤의 피부를 만들 수 있다.

멜라노사이트에서 멜라닌이 만들어지는 과정을 간략히 소개하겠다. 멜라노사이트라 불리는 세포는 '타이로신'이라는 재료를 이용해 멜라닌을 만드는 공장으로, 피부 안쪽 깊숙이 자리 잡고 있다. 타이로신은 세포 내 효소에 의해 붉은 계열인 페오멜라닌Pheomelanin과 검은색인 유멜라닌Eumelanin 중 하나로 변한다. 페오멜라닌이 많다면 피부가 붉은 계열을 나타내고 유멜라닌이 더 많다면 브라운 계열의 피부색을 띠는데, 우리가 일반적으로 말하는 멜라닌은 검은색인 유멜라닌을 의미한다.

멜라닌이 피부 아래층에 있다면 겉으로 보이지 않기 때문에 피부색에 영향을 미치지 못한다. 그러나 멜라닌은 멜라노좀 Melanosome 이라는 엘리베이터에 탑승하여 피부 외곽까지 이동한다. 피부 속에 감춰져 있던 유멜라닌이 피부 밖에 올라오면서 검은 색소가 드러나는 것이다. 멜라노사이트 수는 인종에 관계없이 비슷하지만 흑인은 멜라노사이트와 멜라노좀 모두 백인보다 크기 때문에 피부색이 검게 보인다.

문화적 이데올로기에 의해 만들어진 하얀 피부가 우월하다는 주장에 동의하거나 마이클 잭슨처럼 피부색을 바꾸고 싶어 하는 사람은 이제 찾아보기 힘들다. 피부색은 수천 년간 한 지역에 적응하며 만들어진 결과이고, 그 자체로 아름다우며 서로 다른 매력을 가지고 있다. 이제는 균일함, 밝기, 피부색이 미를 결정하는 기준으로 바뀌었다.

미백 화장품 골라잡기

피부를 어둑어둑하게 만드는 멜라닌의 형성 과정을 간단히 다시 살펴보자. 멜라노사이트에서 타이로신이 멜라닌으로 변하고, 멜라닌은 멜라노좀이라는 엘리베이터를 타고 피부 표면에 올라온다. 멜라닌이 군데군데 모이면 피부는 칙칙해지고 심하면 검버섯으로 발전한다. 미백 화장품, 미백 주사, 레이저 등 하얀 피부를 만들어주는 모든 치료는 멜라닌을 파괴하거나 생성된 멜라닌이 피부 밖으로 솟아오르지 못하게 막는 것에 초점이 맞춰져 있다. 멜라닌이 만들어진 후 피부로 올라오는 과정 중, 한 곳을 파괴할 수 있으면 피부색이 어두워지는 것으로부터 해방될 수 있다.

1단계: 멜라닌 합성 방어

멜라닌 합성을 봉쇄하여 멜라닌 형성 자체를 막는 방법이다. 멜라닌은 멜라노사이트 내부 핵이라는 곳에서 만들어지는 단백질이다. 분자 수준에서 멜라닌의 합성에 관여하는 신호를 차단하면 멜라닌 생성을 막을 수 있다. 타이로신에서 시작하여 멜라닌이 만들어지기까지 수많은 단계를 거치는데 이 흐름 중 어느 한 단계를 차단하면 멜라닌이 합성되지 못한다. 대부분의 미백 기능성 원료가 여기에 해당한다.

2단계: 멜라닌 수송 봉쇄

멜라닌 이동을 막는 방법이다. 멜라닌이 만들어진다고 해도 멜라노좀이라는 엘리베이터가 없다면 멜라닌이 피부 위로 올라올 수 없다. 수송 봉쇄에는 세 가지 방법이 있는데, 멜라노좀의 생성을 막는 방법이 있고 멜라노좀이 이동하는 길목을 차단하는 또 하나의 방법이 있다. 마지막으로 멜라노좀이라는 운송수단을 폭파하는 방법도 있다. 멜라노좀이 없다면 아무리 멜라노사이트에서 과량의 멜라닌이 만들어져도 표피로 이동할 수 있는 방법이 없기에 피부로 드러나지 않는다.

3단계: 멜라닌 파괴

마지막으로 피부 표면으로 올라온 멜라닌을 파괴하는 방법이 있다. 멜라닌이 피부 표면으로 이미 올라와 눈으로 드러난 후 사용되는 방법이지만 난이도가 낮고 가장 효과가 좋아 많이 사용되는 방법이다. 멜라닌을 분해하는 물질이 들어있는 화장품을 발라주거나 레이저로 멜라닌 색소를 직접 파괴해 눈앞의 멜라닌을 바로 제거한다.

미백 기능성 원료로 많이 사용되는 나이아신아마이드는 멜라노좀의 이동을 막고 알부틴은 타이로신 활성을 억제한다. 또한 알파-비사보롤은 멜라닌 합성 유전자의 발현을 억제시켜 미백에 도움을 준다. 빠른 미백 효과를 보고 싶다면 서로 다른 기능성 원료가 함유되어 있는 미백 화장품을 2~3가지 정도 함께 사용하는 것도 하나의 방법이다.

비타민+자외선 차단=미백

피부 미백에 가장 확실하게 도움을 주는 대중적인 재료로 비타민을 꼽을 수 있다. 비단 비타민은 피부뿐만 아니라 우리 몸이 활기차게 움직일 수 있도록 도와주는 에너지 공급원이다. 제대로 된 식습관만 갖추어도 하루에 필요한 비타민을 충분히 얻을 수 있고 건강한 피부도 가질 수 있다. 비타민은 섭취뿐 아니라 피부에 발라주어도 효과를 볼 수 있다. 오이를 피부에 올려놓고만 있어도 오이가 가진 비타민을 손쉽게 피부로 전달할 수 있다.

비타민 중에서 미백과 가장 관련이 깊은 것은 비타민 C이다.

수많은 논문을 통해 비타민 C가 검은 피부를 하얗게 바꾸는 결과를 얻었고 비타민 C를 바른 후 자외선을 쪼여주어도 피부가 덜 타는 것이 확인되었다. 비타민 C는 식물의 잎에서도 발견되는데, 자외선으로부터 방어하기 위하여 생성하는 것이 아닌가 하는 생각도 든다.

비타민 C는 멜라닌을 없애는 단계 중 1단계인 멜라닌 합성 방해 영역에서 활동한다. 정확하게는 타이로신을 멜라닌으로 변화시키는 효소의 활동을 방해하여 멜라닌의 생성을 억제시킨다.

지금까지 알려진 비타민 C 유도체로는 Ascorbic acid 아스코르브산, L-ascorbic acid L-아스코르브산, Ascorbyl palmitate 아스코빌팔미테이트, Sodium ascorbyl phosphate 소듐아스코리빌포스페이트, Retinyl ascorbate 레티닐아스코르베이트, Tetrahexyldecylascorbate 테트라헥실데실아스코르베이트, Magnesium ascorbyl phosphate 마그네슘아스코빌포스페이트, Ethyl ascorbate 에틸아스코르베이트, Polyethoxylated ascorbate 폴리에톡실레이트아스코르베이트, Ascrobyl-3-APPA 아스코르빌-3-에이피피에이 등이 있다.

비타민 C는 안정성이 약하여 빛이나 온도에 노출될 경우 빠르게 분해된다. 과일 껍질을 벗겨 놓으면 금방 갈변되는 것도 비타민이 산화되기 때문이다. 화장품에 사용하는 비타민 C는 산화를 막기 위하여 두 가지 방법으로 안정성을 높였다. 첫 번째 방법은 캡슐과 같은 헬멧을 씌워 외부환경의 공격을 막는 방법으로, 화장품 광고에 언급되는 캡슐, 리포좀 등이 여기에 해당된다.

두 번째는 비타민 C를 변형시켜 분해되는 속도를 늦추는 방법이 있다. 위에 언급한 원료들이 비타민 C를 일부 변형시킨 것으로, 비타민 C보다 효과는 약간 낮지만 화장품 속에서 오랫동안 분해되지 않고 제 기능을 유지할 수 있다.

피부를 하얗게 만들기 위하여 미백 기능성 화장품을 바르고 과일을 많이 먹는 것도 중요하지만 자외선 차단제를 항상 발라주는 것이 더 중요하다. 주름, 미백, 기미, 잡티, 노화 등 모든 피부 문제의 가장 큰 주범은 자외선이다. 자외선이 멜라닌 생성을 부추기므로 멜라닌이 과도하게 형성되는 것을 막는다면 멜라닌을 파괴할 이유도 없기 때문이다. 자외선의 무서움에 대해서는 광노화 편에서 설명하겠다.

03

주름

:

안티에이징? 웰에이징!

주름이 생기는 과정

잡티 없이 깨끗하고 빛나는 피부가 젊은 사람들의 워너비 피부라면, 주름 없이 팽팽한 피부는 중장년층이 가질 수 없는 영원한 희망 사항일 것이다. 거울을 보면 잡티보다 주름이 더 신경 쓰이는 시기가 누구나 찾아온다. 주름이 생기는 것은 막을 수 없고 당연한 현상이지만, 쉽게 받아들이는 사람은 아무도 없다.

여드름, 기미, 검버섯은 원한다면 없앨 수 있고 피부 결과 색은 매끈하고 깨끗하게 관리할 수 있지만 한 번 생긴 주름을 없애는 건 불가능에 가깝다. 필러를 넣고 보톡스를 맞으면 주름을 일시적으로 필 수 있으나 시간이 지나면 자연스럽게 다시 나타난다.

시간이 흐르면 표피세포는 얇아지고 세포와 세포를 연결하는 힘이 약해진다. 피부 외곽층 두께가 얇아지면서 피부 전체 두께 또한 얇아진다. 게다가 표피세포 간의 연결고리가 약해지면서 피부 밖으로 증발하는 수분의 양이 현저히 증가한다. 수분 증발 속도가 빨라지면 피부는 건조해지고 푸석푸석해진다. 세포 복제 능력은 시간이 갈수록 떨어지기 때문에 피부에 상처가 생겼을 때 회복하는 재생 능력도 떨어진다.

피부 내부인 진피층으로 들어갈수록 상황은 더욱더 심각해진다. 진피에는 여러 부속 기관들이 존재하기 때문에 세포 재생이 지속적으로 이루어져야 하는데 나이가 들면 공장 가동 속도와 생산량이 현저히 떨어진다. 진피 내부에 위치한 콜라겐은 피부를 지탱하며 탱탱하게 만들고 주름이 생기는 것을 막아주는 역할을 한다. 그러나 콜라겐 생성 능력이 감소하여 탱탱함은 사라지고 지탱하는 힘이 약화되어 겉으로 피부 굴곡이 드러나게 된다. 엘라스틴 섬유 생산량도 줄어들어 한 번 들어간 피부가 다시 복원되는 회복력이 젊었을 때보다 줄어든다.

그 밖에 피지선의 수는 증가하지만 피지 양이 감소하는 기현상이 발생하고 땀샘의 수는 줄어들어 결국 피부는 점점 더 건조해진다. 이러한 피부의 전반적인 구조적 변화는 피부를 처지게 하고 주름으로 나타난다. 피부를 지탱하는 지방이 사라져 피부가 무너지고 주름이 깊어진다. 위에 언급한 모든 현상이 나이가 들어감에 따라 동시에 발생하는 현상이다.

그러나 같은 나이라도 주름이 형성되는 시기와 깊이는 다르게 나타난다. 주름을 가속화시키는 요소에 노출되는 정도에 따라 개인 간의 차이가 발생하는 것이다. 주름은 한 번 형성되면 없애는 것이 쉽지 않기 때문에 처음부터 생기지 않도록 관리하는 것이 중요하다.

주름을 만들어내는 범인들

주름을 촉진하는 여러 요소 중 가장 큰 영향을 미치는 것은 자외선이다. 더 중요한 사실은 20대 이전에도 자외선에 노출되면 나이가 들어 남들보다 주름이 더 심하게 생긴다는 점이다. 젊은 시절에는 자외선에 노출되어도 주름이 생기는 것을 모르지만 그때부터 영향을 받은 피부는 30대 이후 몰락하기 시작한다.

자외선은 파장에 따라 UVA, UVB, UVC로 나뉘는데 주름을 형성시키는 파장은 UVA이다. UVA는 피부 깊이 침투하여 피부 속 콜라겐과 엘라스틴을 파괴해 피부를 지탱하는 뼈대를 붕괴시킨다. UVA는 사계절 내내 큰 변화 없이 동일한 양이 지표면에 도달하기 때문에 겨울에 받는 자외선도 위험하다. 또한, 유리창을 뚫을 정도로 투과 능력이 강하여 실내에 있어도 창가에 있으면 공격받는다. 장시간 운전하는 사람들의 좌측 피부가 우측보다 더 노화되었다는 사실이 이를 입증한다.

피부층에 존재하는 엘라스틴은 자외선에 의해 피해를 받으면 자기 방어기작의 일환으로 메탈로프로테이나제MMP를 분비하는데, 이 효소는 콜라겐을 망가뜨려 심각한 피해를 유발한다. 복원을 위해 새로 형성되는 콜라겐이 만일 본래의 자리가 아닌 다른 부위에 자리하게 되면 피부 전반적인 매트릭스도 변화한다.

비정상적인 매트릭스로 인해 피부 굴곡은 심해지고 깊은 주름이 만들어진다. 또한 자외선에 노출된 피부는 프리라디칼이라는 물질을 만들어내는데 피부 세포를 산화시키고 심각할 경우 유전자까지 변형시킨다. 자외선 외에 주름을 촉진시키는 원인으로 흡연, 호르몬 변화, 근육 움직임 등이 있다. 몸에 이로운 점이 한 가지도 없는 흡연은 주름도 촉진시킨다.

자외선에 노출되지 않고 흡연을 하는 경우와 흡연을 하지 않고 자외선에 노출될 경우 주름 형성 비교 실험을 한 결과 흡연을 하고 자외선에 노출되지 않은 피부의 주름이 더 깊어진다는 연구 결과도 발표되었다. 한 다큐멘터리에서는 담배가 피부에 미치는 영향을 보여주기 위해 일란성 쌍둥이 형제의 피부를 비교한 적이 있었다. 한 사람은 흡연자였고 다른 한 사람은 비흡연자였는데 흡연자의 피부는 육안으로 보아도 주름이 많았고 피부색도 더 검었으며 전반적으로 상태가 좋아 보이지 않았다.

흡연으로 인해 유발되는 각종 질병에 대해서는 굳이 언급하지 않겠지만 주름과 연관된 주요한 이론으로 흡연이 피부 속 비타민을 파괴해 주름을 유발한다는 주장이 있다. 비타민은 대표적인 항산화제로 자외선에 의한 피부 손상을 막아주는 역할을 한다. 흡연자의 피부를 보면 피부에서 분비되는 비타민의 양이 비흡연자에 비해 적게 관찰되는데, 자외선으로부터 피부를 보호하는 능력이 약해져 주름이 촉진되는 것이다.

여성호르몬인 에스트로겐 생성이 멈추면 콜라겐 양이 감소하고 피부 두께도 얇아진다. 나이가 들어갈수록 여성의 주름이 남성보다 심해지는 이유이다. 반대로 남성호르몬인 테스토스테론은 주름의 형성을 억제한다. 이 때문에 여성이 남성보다 주름이 많다고 한다.

한쪽 방향으로 근육의 움직임이 굳어지면 피부 주름으로 고착화된다. 주변에서 인상을 자주 쓰는 사람은 이마 주름이 깊어지고, 눈가 웃음을 잘 짓는 사람은 눈 옆의 주름이 깊은 것을 볼 수 있다. 습관적인 표정은 해당 부위 피부 탄성력을 떨어뜨린다. 미간을 찌푸리면 미간 주위 근육이 한쪽으로 뭉치게 된다. 미간을 다시 펴 주었을 때 용수철이 다시 펴지듯이 피부가 원상태로 돌아와야 하는데 너무 자주 찌푸리면 탄성이 떨어져 피부가 빠르게 회복되지 않는다.

중력이 주름을 촉진한다고 하지만 우리가 지구에 살고 있는 이상 받아들일 수밖에 없는 부분이며 중력으로 인해 눈꺼풀이 처지고 턱 아래 살이 내려간다고 한다. 어느 예능 프로에서 동안 피부로 소개된 출연자는 중력으로 인한 피부 처짐을 막기 위해 시간이 날 때마다 피부를 위로 쳐서 올려주었더니 주름이 없어졌다고 한다. 한 번 웃고 깊게 새겨듣지는 말자.

주름을 인정하는 것은 쉽지 않다. 죽는 날까지 팽팽한 피부를 가진 채 늙고 싶은 것이 인간의 본능이다. 필러와 시술로 억지로 맞서보아도 결국 주름은 돌아온다. 얼굴은 팽팽하지만 목 아래만 잔뜩 주름진 피부는 오히려 아름답지 않다. 미국 유명 뷰티 잡지에서는 더 이상 '안티에이징'이라는 단어를 쓰지 않기로 결정했다고 한다. 이제는 '웰에이징'을 위하여 주름을 담담하게 맞이하는 자세가 필요하다.

주름 기능 성분의 최강자, 레티놀

수많은 주름 기능성 성분이 시장에 있지만 그중 가장 많이 연구되었고 효과가 좋은 원료를 꼽으라면 레티놀이 그 자리를 차지할 것이다. 레티놀은 비타민 A의 한 종류 비타민 A1 이며 순수 비타민 A라고도 불린다. 녹황색 식물에 많이 들어있으며 피부 표피세포가 본래의 기능을 유지하는 데 핵심적인 역할을 하는 것으로 알려져 있다.

비타민 C는 미백을 도와주고 비타민 A는 주름을 펴 주는 물질이니 건강한 피부를 위해 비타민은 필수품이다. 레티놀은 피부 세포에 침투하여 세포 분화를 촉진하고, 콜라겐과 탄성섬유로 구성된 엘라스틴의 합성을 촉진해 주름을 감소시키고 피부 탄력을 증가시킨다. 주름이 형성되는 결정적인 이유는 콜라겐과 엘라스틴이 붕괴되어 피부를 지탱하는 뼈대가 사라지는 것이다. 그러므로 주름을 회복시키기 위해 가장 시급히 해야 하는 일은 피부를 지탱하는 뼈대를 바로 세우는 것인데, 이를 도와주는 물질이 레티놀이다.

효과가 좋은 레티놀도 두 가지 이유로 인해 화장품에 적용되기까지 적지 않은 시간이 걸렸다. 첫 번째 이유는 레티놀의 불안정성이다. 비타민 C와 같이 모든 비타민 계열 성분은 안정성이 약하다. 소비자 단체에서 시중에 판매되고 있는 레티놀 화장품을 입수하여 분석한 결과 75%의 화장품에서 레티놀 성분이 없거나 표시된 양보다 적게 들었다는 결과를 발표했다. 제조 시 정량의 레티놀이 첨가되었더라도 빛과 열에 분해되면서 남아 있지 않은 것이다. 용기로 빛을 막았다 해도 고온에 장시간 노출되거나 산소와 접촉하면 산화되어 제 역할을 발휘하지 못한다. 지금 개발되는 레티놀은 비타민 C와 같이 마이셀, 리포좀, 캡슐 등으로 보호하였고 화장품 용기도 열과 자외선을 효과적으로 차단할 수 있는 재질로 바꾸어 분해를 막고 있다.

레티놀이 상업적으로 활성화되기까지 오랜 시간이 걸린 두 번째 이유는 부작용 때문이다. 레티놀은 효과가 좋은 만큼 피부 트러블을 쉽게 유발한다. 레티놀에 민감한 소비자가 레티놀을 바를 경우 흔히 말하는 피부가 뒤집어지는 경험을 할 수 있다. 나 또한 과량의 레티놀을 피부에 바르며 실험하던 중 피부가 가렵고 검게 변하며 껍질이 벗겨지는 흑화 현상을 경험했다.

화장품은 불특정 다수에게 판매하는 제품이기 때문에 적절한 함량을 결정하기까지 오랜 고민을 할 수밖에 없다. 소비자들의 피부 트러블을 막기 위해 레티놀 함량을 줄이면 눈에 띄는 효과를 얻을 수 없고, 좋은 효과를 주기 위해 함량을 높이면 일부 소비자들의 피부를 책임지지 못하는 사례가 발생할 수 있다. 수많은 테스트를 통해 가장 효과가 좋으며 부작용이 없는 양을 결정하기까지 오랜 시간이 걸릴 수밖에 없었다.

앞에서 설명했듯이 레티놀은 빛에 의해 쉽게 산화된다. 그러므로 레티놀 제품을 바르고 외출하면 레티놀의 효과를 전혀 체감할 수 없다. 대부분의 레티놀 화장품이 나이트용으로 표시된 이유이다. 레티놀 화장품은 취침 전에 사용했을 때 가장 큰 효과를 얻을 수 있다.

레티놀 화장품을 선택했다면 함량이 낮은 것부터 시작하자. 레티놀 화장품에는 IU라는 단위가 적혀 있는데, 이는 화장품에 들어있는 레티놀 함량을 의미한다. 낮은 숫자의 제품을 구매한 후 귓불과 팔 안쪽에 바르고 하루 동안 지켜본 후 자극이 없다면 얼굴 전면에 사용하면 된다. 조심스럽게 숫자가 높은 제품으로 바꾸면 더 좋은 효과를 볼 수 있다.

04

여드름

:

갑자기 찾아와 인사 없이 떠난 자

여드름이 생기는 이유

청소년들에게 당장 해결하고 싶은 고민 한 가지를 꼽으라면 여드름을 없애 달라고 얘기하는 학생들이 꽤 많을 것이다. 나 역시 여드름이 온 얼굴을 붉게 물들이는 사춘기 학생 중 하나였고, 여드름을 없애기 위해 안 해본 일이 없을 정도로 갖은 노력을 해보았지만 크게 효과를 본 기억은 없다.

그러나 그 많던 여드름도 성인이 되니 아무 노력 없이 사라졌고 지금은 학창시절의 여드름이 그리울 정도로 건조한 피부로 변했다. 호르몬이 가장 왕성히 분비되는 청소년 시기에 얼굴에 생기는 여드름은 피할 수 없는 과정이다. 다만 여드름을 조심스럽게 다스릴 수 있다면 여드름이 사라진 후 상처 없는 깨끗한 피부를 가질 수 있다.

여드름은 피지선과 모공 등 외부로 연결되는 피부 구멍모낭지선이 막혀서 생기는 피부질환이다. 모낭지선은 입술, 발바닥, 손바닥 등을 제외한 신체 거의 모든 부위에 분포하고 있으며 특히 얼굴, 목덜미, 가슴 등에 많이 분포되어 있다. 피지선은 피지를 만들고 뿜어내는 기관으로 적당한 피지는 피부를 촉촉하게 만들고 외부 유해요소로부터 피부를 보호하는 역할을 한다. 하지만 적정량을 넘긴 피지가 지속적으로 분비되면 가려움을 느끼고 심할 경우 여드름으로 발전한다.

특히 청소년기에 생기는 여드름은 과잉 분비되는 피지와 연관이 깊다. 피지는 남성호르몬인 테스토스테론Testosterone과 직접적인 연관이 있다. 청소년기는 남성호르몬 분비가 폭발하는 2차 성징 시기이기 때문에 성인보다는 청소년에게, 여성보다는 남성에게 더 많은 여드름이 발견된다. 청소년기가 끝나고 남성호르몬이 줄어들면 자연스럽게 피지 분비량이 낮아지고 여드름이 사라진다. 나이가 증가하여 남성호르몬이 더 줄어들면 피부는 건성으로 변한다. 남성 피부는 청소년기에서 중년으로 갈수록 지성에서 건성으로 변한다. 성인 여성에게 보이는 좁쌀여드름은 배란주기에 따라 호르몬 변화가 심한 사람에게 주로 관찰되는데 남성호르몬의 심한 변화가 여드름을 유발하는 것으로 보인다.

여드름이 발생하는 원인으로 가장 많이 꼽는 것이 유전이다. 부모가 젊은 시절 여드름으로 고생했다면 자식도 고생할 확률이 높고 형이나 누나가 여드름이 많다면 동생도 여드름이 생길 가능성이 높다. 하지만 정확히 어떤 유전자가 여드름에 영향을 미치는지는 아직 정확히 밝혀지지 않았다.

이 밖에 서구화된 식사습관이 여드름을 유발한다는 의견도 있고, 살균을 중시하는 현대인의 습관에 의해 발생하는 면역성 질환이라는 설도 있다. 또한, 오염된 대기가 피부를 자극하여 발생하는 현대병이라는 주장도 있다. 어느 하나 틀린 학설은 없으며 여드름은 종합적 요인에 의해 발생하는 피부질환이라는 것이 공통된 의견이다.

여드름 형성에 관하여 보다 정확한 학설은 모낭 내에 존재하는 프로피오니박테리움 아크네스propionibacterium acnes란 균에 의해 영향을 받는다는 사실이다. 프로피오니박테리움 아크네스이하 아크네균는 모낭 내에 존재하는 세균으로 평상시 인체에 아무런 해를 끼치지 않지만 특정 환경이 조성되면 병원균으로 변하여 모낭을 자극한다.

이들은 피지를 양분으로 삼아 번식하며 모공 벽을 약하게 만든다. 아크네균을 죽이기 위해 백혈구가 근처로 모이면 둘의 싸움에 의해 벌겋게 부풀어 오르고 고름이 차오르는 염증 반응이 생기는데, 이것이 우리가 흔히 부르는 여드름이다. 이 때문에 여드름을 치유하는 연고는 아크네균을 박멸시키는 목적으로 개발된 것들이 많이 있다.

여드름 자체는 피부에 나쁜 영향을 끼치지 않는다. 시간이 지나면 자연스럽게 사라지기에 여유를 가지고 치료하면 완치할 수 있다. 그러나 잘못된 방식으로 여드름을 만지고 짜고 터트리면 피부 흉터가 남게 된다. 예민한 시기인 청소년기에 생기는 여드름은 정신적으로 힘들게 하지만, 차분한 마음으로 다스리면 기분 좋은 이별을 할 수 있다.

비염증성 여드름의 형성과 치료

여드름은 발견과 동시에 치료를 시작하는 것이 중요하다. 손으로 만지거나 잘못된 방법으로 치료하면 악화되고 손으로 짜서 터트리는 순간 회복하기 힘든 단계로 넘어간다.

여드름 형성은 피지의 증가로부터 시작된다. 피지는 모공을 통해 피부 밖으로 배출되어 피부를 윤기나게 만들고 보습을 책임지는 고마운 물질이다. 피지 분비량은 호르몬, 환경, 유전 등 다양한 요인에 의해 영향을 받고 청소년기부터 증가하기 시작한다.

피지 분비량이 모공 밖으로 배출되는 양을 넘어설 정도로 과잉 분비되면 배출되지 못한 피지는 모공 속에 머무를 수밖에 없다. 모공 속에 갇힌 피지는 쉽게 씻겨 내려가지 않으며 모공을 막아 산소와 수분 투과도를 낮춘다. 산소와 수분을 받아들이지 못하는 모공 안쪽의 피부는 숨을 쉬지 못하여 악화된다.

모공 내부에 쌓인 수많은 피지는 앞서 설명한 아크네균의 먹이가 되어 평소보다 더 빨리 번식하게 한다. 여드름이 생기기 시작하는 초기 단계에서 모공에 막힌 피지를 씻어내고 아크네균의 증식을 막으면 여드름 형성을 늦출 수 있다. 벤조일페록사이드는 아크네균의 증식 속도를 억제시켜 여드름 생성을 막는다.

또한, 살리실릭애씨드가 함유된 각질 제거 화장품을 사용하면 모공 속 피지를 씻어내어 아크네균의 먹이를 없앨 수 있다. 이 밖에 비타민 A 유도체로 이루어진 트레티노인 연고 처방도 가능하나 피부에 자극이 될 수 있으므로 주의해서 사용하여야 한다. 여드름은 형성 초창기에 적절한 치료를 해주면 금방 치유할 수 있다.

피지가 과잉 분비되고 아크네균의 증식 속도가 빨라지면 모공 주위에도 변화가 일어나기 시작한다. 아크네균에 의한 변화는 염증 반응의 형성 여부로 구분할 수 있다. 염증 반응이 생긴다면 치료 시간이 오래 걸리지만, 염증 반응을 동반하지 않는다면 쉽게 예전의 피부로 회복시킬 수 있다.

먼저 비염증성 여드름의 형성 과정에 대해 설명하겠다. 많은 양의 피지는 모낭을 자극하여 모낭 세포를 떨어뜨리고 떨어진 세포는 딱딱하게 굳어 모낭을 막는다. 또한 아크네균이 분비하는 지방분해효소는 피지의 중성지방을 분해하고, 분해된 지방이 모낭을 자극한다. 위 과정에 의해 모공은 조금씩 딱딱해진다. 이것이 바로 여드름이 단단해지는 과정이다.

모공 끝이 피부를 향해 열려 있느냐, 닫혀 있느냐에 따라 비염증성 여드름은 화이트헤드와 블랙헤드로 나뉜다. 피부 밖을 향한 모공이 좁고 닫힌 상태에서 발생하는 여드름을 화이트헤드라고 하며 좁쌀처럼 보인다.

반면, 모공이 열려 있는 상태에서 형성된 여드름을 블랙헤드라고 한다. 멜라닌 세포에서 만들어진 멜라닌이 모공을 타고 올라와 검고 딱딱한 색으로 보이기 때문에 블랙헤드라고 표현한다. 블랙헤드나 화이트헤드는 염증 반응을 일으키지 않기에 초기에 발견하면 붉은 여드름 생성을 막을 수 있다.

블랙헤드는 깨끗한 도구로 누르면 피지 덩어리만 밖으로 배출시킬 수 있기에 문제없이 제거할 수 있고, 화이트헤드는 손으로 만지지 않고 청결만 유지하면 쉽게 가라앉는다. 블랙헤드와 화이트헤드가 증가했다면 아크네균의 증식이 증가했다는 의미이기 때문에 균을 없애는 쪽으로 치료해야 한다.

적당한 항생제 복용과 도포로 아크네균을 죽이고 살리실릭애씨드가 함유된 화장품 및 클렌저를 사용하여 단단해진 각질을 탈락시키면서 과잉의 피지를 제거하면 여드름 형성을 막을 수 있다. 여드름이 생성되기 시작하면 화장품은 오일 성분이 없는 제품으로 바꾸고 각질 제거제를 일주일에 한 번 정도 사용하여 모공을 열어주는 것이 좋다.

염증성 여드름 형성과 치료

앞에서 언급한 블랙헤드나 화이트헤드와 같은 비염증성 여드름은 겉으로 눈에 띄게 보이지 않고 피부에 악영향을 미치지 않으며 쉽게 치료할 수 있기에 걱정할 필요가 없다. 그러나 피지선이 터지면 악몽이 시작된다.

모든 여드름은 피지가 밖으로 제때 배출되지 못하여 발생한다. 각질이 모공을 막고 있는 상태에서 피지 분비량이 증가하면 모공의 옆면이 피지의 압력에 의해 터지게 된다. 터진 구멍을 통해 피지와 아크네균이 피부 속으로 퍼지면 면역세포인 백혈구가 모여들어 염증이 발생한다. 염증 반응에 의해 봉긋이 솟아나는 붉은 점이 우리가 흔히 말하는 뾰루지이다.

백혈구가 아크네균과 싸우고 있는 중에 박테리아가 피부를 뚫고 들어오면 염증은 더 깊고 넓게 퍼지며 통증을 동반하는데, 이를 낭종이라 한다. 이 단계에서 여드름을 터트리면 피부에 깊은 상처를 입히게 되고 이때 생긴 흉터는 쉽게 복원되지 않는다. 여드름 중 가장 심각한 단계로 반드시 의사의 치료가 필요한 시기이다. 외부의 박테리아가 침투하였기 때문에 절대 손으로 짜서는 안 되고 청결한 상태를 유지해야만 한다. 솟아난 여드름을 손으로 건드렸다가 터진 틈새로 더 많은 박테리아가 침투하면 문제가 커진다.

여드름 치료법은 여드름이 어느 단계에 있고 염증성과 비염증성 중 어느 것인지에 따라 달라진다. 청소년들은 의학적 지식보다 검증되지 않는 친구들의 말을 더 쉽게 따르고, 병원을 기피하는 경향이 있어 초기에 치료할 수 있는 여드름이 악화되는 경우가 많다. 그리고 청결하지 못한 생활 습관이 여드름의 치료를 더디게 만든다. 청결을 유지하고 알맞은 치료법만 잘 챙겨도 여드름의 확산을 막을 수 있다.

앞에서 언급했듯이 비염증성 여드름은 압출기로 짜서 제거하는 것이 가능하다. 균이 속으로 퍼지지 않고 피지선 안에 머물러 있는 상태이기에 굳은 피지 덩어리만 피부 밖으로 꺼내고 소독을 청결히 해주면 아무 문제 없이 제거할 수 있다.

그러나 낭종과 같은 염증성 여드름이 자주 나타난다면 병원에서 치료해야 흉터 없이 제거할 수 있다. 아크네균의 증식이 빨라지고 모공 벽이 파괴되어 박테리아가 피부에 퍼질 경우 여드름은 순식간에 피부 전반으로 퍼진다. 가장 효율적인 방법은 의사의 진단 하에 코르티코스테로이드 주사로 아크네균을 죽이거나 스테로이드 치료를 받는 것이다.

기능성 화장품 영역에 여드름이 새롭게 추가되었지만 화장품만으로 여드름을 치료하는 것은 어렵다. 식품의약안전처에서도 씻어내는 제품에만 살리실릭애씨드를 0.5% 사용했을 때 여드름성 피부 완화에 도움을 준다는 문구를 쓸 수 있게 하였고, 크림과 같은 기초화장품은 임상을 거쳐 확실한 효과를 본 제품에만 여드름 피부 적합 표현을 쓸 수 있게 결정하였다. 이는 그동안 여드름 치료가 가능한 것처럼 소비자를 기만하는 광고를 하던 제품을 퇴출하겠다고 선언한 것이다.

청소년기에 발생하는 여드름은 시간이 지나면 대부분 완치되지만 손으로 터트려 생긴 피해는 복구가 쉽지 않고 평생 흉터로

남는다. 손으로 건드리지 않는 것 하나만 지켜도 여드름은 없앨 수 있다.

05 :

열노화

적색경보! 피부 온난화

여름만 되면 느끼는 것이지만 항상 작년 기록을 갈아치우는 더위가 매년 찾아온다. 지구 온도는 관측 이래 지속적으로 증가하고 있으며, 온도가 높아지는 속도도 빨라지고 있다. 기상청은 1910년에 한반도의 평균기온이 12.03도였지만 2000년에는 13.71도까지 상승했고, 2030년이 되면 제주도를 비롯한 일부 지역은 아열대 기후로 바뀔 것이라고 한다.

앞에서 몇 번 언급했지만 피부 노화를 촉진하는 외부요인으로 가장 위험한 것은 자외선에 의한 광노화와 열에 의한 열노화다. 자외선의 양이 갑작스럽게 증가하는 봄철에는 광노화를 주의해야 하고 기온이 높은 여름철에는 열노화로부터 피부를 보호해야 한다.

신체는 항상성이라는 신체 프로그램을 가동하여 외부 기온과 상관없이 체온을 36.5도로 일정하게 유지한다. 피부 온도는 그보다 낮은 31~32도를 유지한다. 그러나 열에 노출되면 피부 온도는 빠르게 증가하기 시작하고 스트레스 반응으로 활성산소를 만들어낸다.

열에 의해 생긴 활성산소가 피부를 망가뜨리는 방법은 다양하다. 활성산소는 피부 장벽을 손상시킨다. 붕괴된 틈으로 수분 증발이 증가하여 피부는 점차 건조해진다. 또한, 활성산소는 피부를 지탱하는 콜라겐과 엘라스틴을 파괴해 피부 탄력을 잃게 만든다. 한 번 증가한 활성산소는 피부 온도가 내려간다고 쉽게 사라지지 않고 오랜 시간 피부를 공격한다. 이 때문에 짧은 시간이라도 열에 한 번 노출되면 활성산소의 공격을 피할 수 없다.

열노화는 비단 여름뿐만 아니라 일상생활에서도 쉽게 발생한다. 장시간 차에 앉아 있다 보면 창 쪽 피부가 반대쪽 피부보다 벌겋게 달아오른 경험이 있을 것이다. 자외선을 차단하는 선팅 필름을 부착하여도 적외선은 유리를 통과하여 열노화를 유발한다.

야구 경기를 보면 투수가 교체된 이후 어깨에 아이스팩을 두르고 있는 모습을 볼 수 있다. 어깨에 열이 발생하여 장시간 방치되면 근섬유 손상이 발생하는데 냉찜질로 온도를 낮추면 회복이 촉진되고 부기가 빠져 통증이 완화되기 때문이다. 열을 빠르게 낮추는 것이 근육과 인대 손상을 막는 가장 좋은 방법인 것이다.

마찬가지로 피부에 얼음을 대거나 찬물로 세수하여 온도를 낮추면 열노화를 막을 수 있다. 찬물 세수를 반복적으로 하면 항체 생산량이 증가하고 면역력이 높아지는데 이를 '콜드 시그널Cold Signal'이라고 한다.

피부 온도가 낮아지면 혈관의 팽창을 막을 수 있어 피부톤을 균일하게 유지할 수 있다. 또한 멜라닌을 생성하는 세포의 활동을 저하시켜 피부가 어두워지는 것을 막을 수 있다. 마지막으로 피부 장벽이 강화되고 보습력이 증가하여 외부 스트레스에 대응하는 저항력이 높아진다. 북유럽인들의 피부가 유난히 투명하고 균일한 것은 저온 자극 센서가 다른 인종보다 활발하게 작동해서 그런 것이 아닐까 생각해 본다.

피부 온도를 낮추기 위한 방법은 어렵지 않다. 태양광선 중 자외선만 피부 노화를 촉진시킨다고 알고 있으나 적외선도 자외선만큼 노화를 촉진한다는 연구결과가 발표된 이후 적외선을 차단하는 것이 중요해졌다. 선팅 필름을 선택할 때는 적외선 차단도 되는 제품을 구매해야 한다. 거의 모든 제품이 자외선은 99% 이상 차단하지만, 적외선 차단율은 제품에 따라 다르다.

여름철 직사광선에 잠시만 노출되어도 피부 온도는 급격히 증가한다. 높아진 피부 온도를 낮추는 가장 쉬운 방법은 찬물로 세수하는 것이다. 모자나 옷으로 직사광선을 막더라도 지표면에서 뿜어져 나오는 열기를 막는 방법은 없다. 여름철 나들이

갈 때 꼭 손수건을 챙기고 찬물에 적신 후 수시로 얼굴에 두드려 주면 피부 온도가 높아지는 것을 방지할 수 있다. 예방은 치료보다 중요하다.

어린 시절 화장품을 냉장고에 넣고 사용하는 어머니를 보면서 의아했었지만, 나중에는 이것이 콜드 시그널을 활성화하는 현명한 방법인 것을 알았다. 마스크팩을 냉장고에 넣고 사용하면 피부 온도가 순간적으로 낮아지기 때문에 항체 생성이 활발해지고 피부가 건강해진다. 차가운 화장품을 사용하면 냉감을 인지하는 피부 센서가 자극되어 피부 장벽을 강화할 수 있다.

어김없이 무더운 여름이 매년 반복되고 있다. 광노화만큼 피부에 안 좋은 것이 바로 열노화이다. 열노화는 광노화를 가속하고 피부 탄력을 떨어뜨리며, 모세혈관을 확장해 피부 장벽을 약화시킨다. 적외선과 열로부터 피부를 보호하고 수시로 피부 온도를 낮춰주는 부지런함만이 여름의 공격으로부터 피부를 지킬 수 있는 유일한 방법이다. 외출 후에는 피부 온도를 낮추고 저온 요법을 생활화하면 더욱더 건강한 피부로 거듭날 수 있다.

06

광노화

:

자외선으로부터 도망치자

만약 단 하나의 화장품만 가지고 무인도에 들어가야 한다면, 어떤 제품을 화장대에서 선택해야 할까? 화장품과 피부를 연구하는 과학자라면 무조건 자외선 차단제를 가방에 넣을 것이다.

사람은 출생과 동시에 '노화'라는 테이프가 돌아간다. 노화를 막을 수는 없지만 잘못된 생활방식과 환경에 의해 노화를 촉진할 수는 있다. 피부 노화를 촉진하는 원인은 수없이 많지만 가장 큰 영향을 미치는 요인은 자외선에 의한 광노화이다.

피부가 얇아지거나 굵은 주름이 생기는 일반적 노화와 달리 광노화는 피부가 일시적으로 두꺼워지며 거칠어지고, 색소 침착에 의한 기미와 잡티가 동반된다. 심각할 경우 피부암으로 발전하기도 한다. 휴잭맨도 피부암 치료를 받은 후 선크림을 꼭 바르고 다니자고 SNS에 올렸다고 하니 자외선은 울프맨도 이길 수 없는 상대이다.

UVB는 짧은 파장의 고에너지 빛으로 피부에 홍반, 물집, 발진을 일으키며 UVA는 피부에 검은 반점을 만들거나 엘라스틴을 변형시켜 피부 노화를 촉진한다. 자세한 설명은 주름과 미백편을 참고하자.

자외선이 도달하는 양은 계절과 시간 그리고 장소에 따라서도 달라진다. 일반적으로 여름이 겨울보다, 한낮이 오전 오후보다, 고도가 높은 곳이 낮은 곳보다 강하다. UVB는 변화량의 차이가 커서 여름철과 한낮에는 상당히 강하고 겨울철과 일몰 시간에는 조사량이 크지 않으며 물리적인 필름이나 유리로 막을 수 있다. 그러나 UVA는 조사량의 변화가 크지 않고 겨울과 일몰 시간에도 피부에 도달한다. 또한 UVA는 물리적으로 막는 것이 쉽지 않기에 더욱 주의해야 한다.

UVA 조사량은 5, 6월에 최대치를 보이며 UVB는 7, 8월에 최대치를 나타낸다. 옛말에 '봄볕에 며느리 내보내고, 가을볕에 딸 내보낸다.'라는 말이 있듯이 자외선에 의해 피부가 해를 입기 가장 쉬운 계절은 여름이 아니라 봄철이다. 겨울 동안 약해진 피부가 갑자기 자외선을 받으면 어느 때보다 노화가 촉진될 수 있기 때문이다. 오히려 여름 햇살은 너무 강해서 의식적으로 피하기 때문에 피부가 노출되는 시간이 봄보다 짧다.

많은 사람들이 오해하고 있는 또 하나의 사실은 구름 낀 날이 맑은 날보다 자외선 지수가 낮다고 생각하는 것이다. 물론 흐린 날은 맑은 날에 비해 자외선량이 50% 이상 감소한다. 하지만 구름이 부분적으로 있는 날은 자외선이 구름에 의해 산란과 반사가 일어나면서 지상에 도달하는 양이 맑은 날보다 증가한다. 구름이 낀 하늘이어도 자외선을 무시해서는 안 된다.

자외선 차단제 용기에는 SPF와 PA 수치가 표시되어 있다. SPF는 UVB로부터 피부를 방어할 수 있는 정도를 나타낸 지수이다. SPF 15는 피부에 닿는 자외선이 1/15로 줄어드는 것을 뜻하며 자외선의 93%를 차단한다고 한다.

반면 SPF 50은 피부에 닿는 자외선의 양을 1/50까지 줄일 수 있으며 98%의 자외선을 차단한다. UVB는 계절에 따라 변화가 심하여 여름철에는 강력하지만 겨울철에는 양이 급감한다. 그래서 겨울철에 자외선 차단제를 바르고 다니지 않아도 피부가 검게 타지는 않는다.

PA 지수는 UVA를 방어하는 지수로 '+'의 개수로 구분한다. UVB는 피부 표면만 붉게 만들지만, UVA는 피부 속까지 침투하여 피부 노화를 일으키는 주범이기에 UVB보다 더 주의해야 하는 자외선 영역이다. UVA 차단 지수는 '+'의 수로 구분하는데, 'PA+'는 자외선 차단제를 바르지 않았을 때보다 UVA를 2배 더 막을 수 있으며 'PA++'는 4배, 'PA +++'는 8배 방어할 수 있다는 의미이다.

2016년부터 식약처에서는 '++++'도 표시할 수 있게 규정을 변경하였다. UVA는 계절과 시간에 큰 차이 없이 지구에 도달하기 때문에 사시사철 매일 주의해야 한다. 겨울철에 피부가 검게 변하지 않는다고 자외선 차단제를 바르지 않는 사람들이 많다. 하지만 UVA는 겨울철에도 피부에 내리쬐기 때문에 주름 생성이 촉진될 수 있다.

우리가 받는 자외선량의 85% 이상은 오전 8시부터 오후 4시 사이에 도달한다고 한다. 출근 시간에는 무슨 일이 있어도 자외선 차단제를 발라주어야 한다. 높은 SPF 지수의 자외선 차단제도 중요하지만 바르는 횟수를 늘려주는 것이 더 중요하다. 자외선 차단제는 자주 발라주는 것이 무엇보다 중요하다. 파운데이션은 자외선 차단성분이 들어 있는 제품이 많기 때문에 화장을 고치면서 자연스럽게 자외선 차단제도 덧바르는 효과를 얻을 수 있다.

반면 남성들은 오전에 바른 자외선 차단제로 하루를 버티는 경우가 많다. 사무실 책상에 자외선 차단제를 올려놓고 점심 이후 한 번씩 발라주면 피부에 정말 좋다.

물놀이할 때는 한 시간 단위로 자외선 차단제를 발라주어야 한다. 대부분의 자외선 차단제가 물에 잘 씻기지는 않지만 장시간 물놀이를 하면 손실되는 양이 상당히 많기 때문이다. 또한 피부 표면에 맺힌 물방울이 오목렌즈 역할을 하여 피부에 조사되는 자외선량이 평소보다 증가한다. 물놀이를 할 때는 백탁 현상이 있더라도 자외선을 산란시켜주는 무기 차단제 성분이 있는 자외선 차단제 사용을 권한다. 선택이 힘들다면 지속 내수성이 표기된 제품이나 오일로 만들어진 선 스틱을 고르면 된다.

또한 얼굴뿐 아니라 팔, 다리, 목에도 자외선 차단제를 발라주어야 한다. 넓은 부위에 쉽게 도포 가능한 스프레이와 미스트 제품들이 출시되었다. 우리가 덜 신경 쓰는 부위지만 노출되는 부위는 모두 주의해야 한다. 목은 젊은 시절 신경 쓰지 않는 부위이나 40대가 넘어가면 빠른 속도로 주름이 생기기 시작한다. 목에도 자외선 차단제를 발라준다면 주름이 생기는 속도를 늦출 수 있다.

자외선 차단제가 제일 효과를 발휘하는 시기는 봄이다. 앞에서 언급했듯이 여름보다 더 위험한 계절이 바로 봄이다. UVA의 조사량이 최대치이고 피부 재생 능력이 약해져 있는 상태에서 그리워던 따뜻한 햇살을 경각심 없이 받아들이기에는 피부에게 가장 힘든 시기이다.

마지막으로 아이들에게도 자외선 차단제를 발라주자. 자식에게 피부로 인한 원망을 듣고 싶지 않다면 자외선 차단제 바르는 습관을 만들어주는 것이 좋다. 아이들은 피부가 예민하기 때문에 팔 안쪽과 귓불에 발라주어 자극이 없는 것을 확인한 후 얼굴에 발라주면 된다.

07

:

아토피

너무나 어려운 피부질환

아토피는 너무나 많은 원인들이 꼬리에 꼬리를 물고 동시에 일어나기에 확실한 치료방법이 없는 피부질환이다. 많은 연구가 진행되었고 발병 연결고리가 어느 정도 밝혀졌지만 정확하게 어떤 이유로 시작되는지는 아직도 미궁 속에 있다. 유독 유년기에 발생하는 질환이고 지속적인 가려움으로 긁어서 생기는 신체적 통증과 수면의 질이 낮아짐에 따른 정신적 고통을 동반하지만 별다른 노력 없이 사라지기도 한다. 이 때문에 아토피 치료방법은 상당히 단순하고 간결하면서도 쉽지 않고, 할 수 있는 방법이 거의 없는 아이로니컬한 질환이다.

표피의 가장 외곽은 죽은 세포들이 겹겹이 신체를 덮어 외부 환경으로부터 인체를 보호하는 각질층으로 구성되어 있다. 어떠한 이유든 외곽층이 붕괴되어 독성물질이 침투하면 가려움을 동반한 자극이 일어나고 심하면 습진과 수포를 동반한다. 외곽층이 튼튼하고 면역이 강한 건강한 피부는 내성이 강하여 환경에 노출되더라도 고통을 동반하지 않고 빠르게 회복되지만, 아토피 피부는 복원 속도가 느리고 면역력이 낮기 때문에 고통이 강하고 길다.

아토피는 어느 한 부분을 꼭 집어서 다스릴 수 있는 질병이 아니다. 정신적 치유와 신체적 치료가 종합적으로 이루어져야 하며 바르는 것뿐만 아니라 섭취하는 음식도 선별해야 한다. 모든 생활방식에 변화를 주어야 조금씩 치료 효과를 볼 수 있다. 화장품도 피부 복원력을 빠르게 회복시켜 건강한 피부로 만들어준다는 지향점 아래 아토피 완화에 도움을 준다.

화장품으로 아토피를 완화할 수 있을까 하는 의구심이 들겠지만, 기능성 화장품 영역에 아토피가 편입되었을 정도로 치료에 도움이 된다. 보습 편에서 설명했듯이 화장품은 피부 수분 증발을 억제하고 보습력을 높여주며 각질층을 회복시켜 궁극적으로 외부 공격으로부터 피부를 보호하는 힘을 길러준다. 또한 화장품에 들어 있는 항염 소재는 가려움을 억제하여 긁어서 생기는 악순환을 막을 수도 있다. 마지막으로 인터루킨과 이 아토피를 악화시키는 효소의 활동을 억제하는 물질을 함유하여 직접적인 치료 효과를 얻는 것도 가능하게 해준다.

의약외품인 실리콘 패치를 아토피 부위에 부착하는 것도 치료에 도움이 된다. 실리콘 패치는 깊은 상처나 화상과 같은 피부 치료에 사용되는 보조 치료 도구이다. 의료용 실리콘으로 만든 패치는 대기 중 수분은 통과시키지만 산소의 투과는 막아 균의 증식을 막고 상처 회복을 돕는다. 아토피 환자의 질환 부위에 사용하면 실리콘의 차가움이 피부 온도를 낮추어 가려움을 억제하고, 수분 투과력은 높여주기에 치료 효과를 높일 수 있다.

손을 청결히 유지하고 손으로 피부를 만지는 행위를 막아도 아토피의 진행을 막을 수 있다. 피부를 깨끗이 관리하는 것도 필요하나 그보다 더 중요한 것은 피부가 균에 노출되는 것을 막는 것이다. 친환경 옷으로 갈아입고 잠자리를 청결히 하는 등 신체와 접촉하는 물건에 몰두한 나머지 손에 살고 있는 균은 눈치채지 못하는 경우가 많다.

우리가 무의식적으로 몸과 얼굴을 만지는 손에는 수많은 균이 살고 있다. 특히 어린아이일수록 청결에 무관심하고 손으로 얼굴과 몸을 자주 만진다. 아토피 피부염이 있는 어린아이들은 가려움을 참지 못하고 더러운 손으로 피부를 긁기 때문에 피부 외곽층은 계속 망가지고 균이 더 쉽게 침투하여 아토피가 악화된다.

마지막으로 아토피를 가장 빠르게 치료할 수 있는 검증된 방법은 의사의 진단과 스테로이드 크림을 환부에 발라주는 것이다. 그러나 스테로이드제를 장시간 사용하는 것은 결과적으로 피부에 좋지 않으며 특히 어린아이들에게 스테로이드 처방을 남발하는 것은 향후 문제가 생길 여지가 있다. 반드시 의사의 지속적인 관찰이 동반되어야 한다.

아토피를 치료하는 방법은 너무 간단하기에 오히려 치유하기 힘들다. 깨끗이 씻고 긁지 말고 면역력을 강화하는 것이 아토피 치료의 전부이다. 의사 표현이 서툰 어린아이들의 울음과 지켜볼 수밖에 없는 부모의 아픈 마음이 이상한 민간요법을 만들어내고 먹어서는 안 될 약을 먹이기 때문에 부작용이 심해지고 치료가 힘들어진다. 화장품을 자주 듬뿍 발라주고 피부가 싫어 하는 것을 하지 않도록 막으며 전문가의 치료가 동반된다면 부작용 없이 빠르게 아토피를 치유할 수 있다.

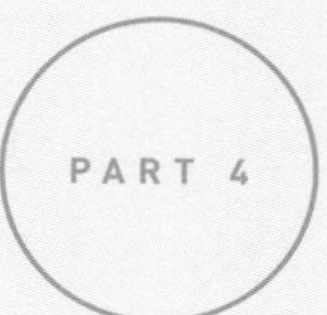

상황에 맞게 화장품 골라 쓰기

ALL THAT COSMETIC

01 : 계절

화장품을 계절마다 바꿔야 할까?

봄, 여름, 가을 그리고 겨울이 뚜렷한 나라에 산다는 것은 분명 축복받은 일이다. 계절에 따라 다양한 음식을 먹을 수 있고 다채로운 자연 변화를 감상할 수 있으며 계절별 놀이를 즐길 수 있기에 삶은 풍요로워진다.

하지만 피부는 변화하는 환경을 좋아하지 않는다. 신체 온도를 일정하게 유지해야만 하는 피부는 여름에 모공을 열어 땀과 피지를 배출하고 겨울에는 모공을 닫고 외부 공기 유입을 차단해야 한다. 또한, 여름에는 자외선으로부터 피부를 보호하기 위해 멜라닌을 만들어내고 겨울에는 건조한 대기로 인해 각질이 쌓인다.

아마 피부는 동일한 환경에서 365일 지내고 싶을 것이다. 그러나 연간 온도차가 50도에 이르고 습도 변화도 심한 나라에 산다면 피부 상태는 계절에 따라 바뀔 것이고, 계절의 변화에 따라 화장품도 바꿔주는 것이 필요하다.

봄

얼었던 강에 물줄기가 흐르고 차가운 땅에서 새싹이 올라오듯 봄은 굳었던 피부에 미세한 움직임이 감지되는 시기이다. 기온이 상승하고 대기에 수분이 증가하면서 피부도 건조함으로부터 서서히 벗어나기 시작한다. 겨울에 쌓였던 각질은 서서히 사라지고 피부에는 온기가 돌아 피부톤이 밝아진다. 거리에 피어나는 꽃만큼이나 봄에는 피부도 빛을 발하여 화사한 색조 화장을 더욱더 돋보이게 해준다.

그러나 확 풀린 날씨에 방심하다가는 상처 입기 쉬운 계절이 봄이다. 광노화 편에서 언급했듯이 자외선 공격에 제일 쉽게 당하는 계절이 봄이다. 사람들은 반팔을 입기 시작하는 4월경부터 자외선 차단제를 화장대에 올려놓는다. 매장에서도 5월이 되어야 '선크림 대전'을 준비하며 진열장을 자외선 차단제로 채우기 시작한다. 자외선 지수는 3월부터 서서히 증가하기 때문에 자외선 차단제를 바르기 시작할 때는 이미 한 타이밍 늦은 것이다. 자외선 차단제는 계절 구분 없이 발라야 하는 제품이며 외투를 벗기 시작하는 순간부터의 필수품이다.

봄만 되면 어김없이 중국에서 날아오는 황사와 미세먼지도 피부가 맞이하기 싫은 손님이다. 미세먼지로 통칭되는 각종 오염물질은 호흡기에 치명적일 뿐 아니라 피부에도 알레르기를 동반한 트러블을 유발하는 물질이다. 미세먼지로 인하여 트러블을 겪는 사람이라면 미세먼지가 피부에 달라붙지 못하게 방지하는 크림을 사용하는 것이 좋다.

2018년 3월에 식약처에서는 확실한 효능을 나타낸 제품에만 '미세먼지'라는 표현을 쓸 수 있게 규정을 손보았다. 임상을 거쳐 검증된 미세먼지 차단 제품을 사용하면 도움을 받을 수 있다. 봄에는 짧은 외출 후라도 클렌징으로 피부 위의 미세먼지와 황사를 없애주는 것이 좋다. 비누를 포함한 일반적인 클렌징 제품이면 모두 미세먼지를 씻어낼 수 있기 때문에 굳이 특출한 클렌징 제품을 사용하지 않아도 된다.

여름

여름은 어느 계절보다 자외선, 특히 UVA에 주의해야 한다. UVA 조사량은 계절과 시간에 따른 편차가 크며 여름철 한낮에 최고점을 찍는다. 오전부터 자외선 차단제를 바르고 출근하지만 여름철처럼 자외선 지수가 높은 날에는 선크림을 수시로 발라주는 것이 좋다. 파운데이션에는 자외선 차단성분이 포함되어있는 제품이 많기에 2~3시간 단위로 화장을 고쳐줄 때마다 자외선 차단제 성분이 같이 공급되므로 따로 선크림을 사용하지 않아도 된다.

하지만 남성의 경우 출근 전에 사용한 자외선 차단제로 하루를 버티기 때문에 자외선 지수가 높아지는 낮 시간대에는 선크림을 한 번 더 발라주는 것이 좋다. 피지가 많이 분비되어 있는 상태에서 바르는 것보다는 세안 후 기초화장을 한 번 한다는 생각으로 사용하면 좋다. 세안하는 귀찮음보다 검어진 피부를 감내하는 고통이 더 클 것이다.

가을

겨울잠을 자기 위해 동물들이 먹을 것을 부지런히 모으듯이 가을은 피부도 겨울을 맞이할 준비를 해야 하는 시기이다. 가을이 되면 대기 환경은 갑작스럽게 기존과 반대 방향으로 변화하기 시작한다. 기온이 내려가기 시작하고 대기 중 수분의 양이 서서히 줄어들며 찬바람이 강해진다. 이러한 대기 변화가 피부에 주는 공통 현상은 피부 속 수분을 뺏어간다는 점이다.

이때 변화가 빠르고 강하게 일어나므로 피부 수분이 급속도로 줄어들게 된다. 수분을 빼앗긴 피부는 점점 푸석해지고 탄력을 잃으며 주름 형성이 급속도로 빨라진다. 앞에서 화장품에 사용되는 보습제는 휴멕턴트와 에몰리언트로 구분된다고 언급했는데 가을에 필요한 보습제는 에몰리언트인 오일이다.

오일은 피부 속 세포와 세포 사이의 공간을 메우고 피부 위에 얇은 막을 형성한다. 물컵에 기름을 부으면 물이 증발하지 않는 것처럼 오일로 막이 형성된 피부는 수분이 증발하는 기회를 줄이고 찬바람과 피부의 직접적인 접촉을 피하는 것을 도와서 체내 수분량이 줄어드는 것을 막는다. 가을이 되면 오일 제품이 봇물처럼 터져 나오는 이유이다.

겨울

살아 있는 모든 생물들과 같이 피부의 암흑기도 겨울이다. 가을부터 시작된 건조하고 차가운 대기는 더욱더 강해지고 피부는 수분을 빼앗겨 메마른 논처럼 갈라진다. 겨울은 화장품만으로 피부를 지키기에는 너무 버거운 계절이다. 장갑, 마스크 등 몸을 감쌀 수 있는 모든 방법을 동원하여 대기와의 접촉을 최소화시키는 것이 제일 중요하다. 실내에서는 가습기로 습도를 높여주어야 한다.

피부 보습을 높여주기 위해 미스트를 뿌려보아도 수분 증발을 막을 수 없다. 이럴 땐 불투명한 유화 스킨을 사용하고 에센스도 점도가 높은 끈끈한 제품으로 바꾸는 것이 좋다. 크림도 무겁고 단단한 크림으로 교체하자. 유화 스킨과 점도가 높은 에센스에는 오일 양이 다른 제품 대비 높은 경우가 많다. 단단한 크림에는 왁스가 함유될 가능성이 높은데 왁스는 오일보다 피부막을 더 단단하고 오랫동안 보호해 주기에 겨울철에 사용하기 좋다. 조금 더 강한 보습막을 원한다면 만능 왁스 제품을 답답하지 않을 정도만큼 소량씩 피부에 발라주는 것도 큰 도움이 된다.

겨울에도 자외선 차단제는 잊지 말아야 한다. 다른 계절보다 자외선 지수가 많이 낮지만 약한 자외선이라도 피부를 지속적으로 공격하고 누적되면 문제가 된다. UVA는 여름과 비교하여 겨울철 지표면에 도달하는 양이 현저히 낮지만 UVB는 겨울에도 많은 양이 노출된다. UVB는 엘라스틴과 콜라겐을 파괴해 주름 형성을 촉진시키며 한 번 만들어진 주름은 복원시키기 어렵다. 겨울에도 자외선 차단제를 잊지 말고 발라야 하는 이유이다.

계절의 변화를 피부도 스스로 느낀다. 각질이 증가하는 것과 피부가 검어지는 현상은 신체를 지키기 위해 피부가 스스로 만들어내는 방어 활동이다. 피부의 가장 큰 역할은 신체를 외부환경으로부터 보호하는 것이다. 피부가 하는 일련의 활동은 신체를 지키기 위해 필요하지만 겉에서 보이는 미의 기준과 부합되지는 않는다. 피부가 본연의 역할을 성실히 수행할 수 있도록 화장품으로 도와주면 신체도 보호하고 겉으로 보이는 아름다움도 찾을 수 있다.

02 성별

어린 시절 부모님의 얼굴을 만지며 손끝에서 느껴지는 상반된 감각을 즐겼던 기억이 있다. 아버지의 얼굴을 만질 때는 까끌까끌한 수염에 손등을 비볐고 어머니의 볼은 어루만지기 좋은 부드러운 감촉이었다. 아이들은 남녀 구분할 수 없는 동일한 피부를 가지고 있으나, 중학생 이후 육안으로 구별할 수 있을 정도로 차이가 심해진다.

학창시절 배웠던 내용을 더듬어 보면 인체에는 여성호르몬이라 불리는 에스트로겐과 남성호르몬인 테스토스테론이 있다고 했다. 성장기에 진입하면 두 호르몬의 분비량에 변화가 생겨 남녀의 신체적 차이가 만들어지고 피부도 서로 다른 모습으로 변해간다. 남성호르몬의 영향을 강하게 받는 남성 피부에는 다음과 같은 현상이 나타난다.

첫째, 진피층이 두터워지고 피부가 단단해진다. 여성호르몬은 피부 겉인 표피를 두텁게 하는 반면, 남성호르몬은 피부 내부인 진피층을 두텁게 한다. 이 때문에 남성 피부가 여성보다 30~40% 정도 두껍다. 굳이 얼굴이 아니더라도 팔, 다리 피부를 보면 남자가 여자보다 두터운 것을 알 수 있다. 나이가 들어감에 따라 남성호르몬이 감소하고 광노화로 인하여 단백질 분해량이 증가하면 피부가 무너지고 두터운 진피층이 파괴되면서 여성보다 깊은 주름을 갖게 된다.

둘째, 멜라닌 합성이 촉진되어 피부톤이 어두워진다. 남성호르몬의 일종인 안드로겐은 멜라노사이트를 자극하여 멜라닌 합성을 촉진하고 이로 인해 피부가 검게 변한다. 또한 피부 노화를 방어하는 항산화 능력이 여성보다 떨어지기 때문에 멜라닌 색소가 검어지는 산화 반응이 활발하게 일어난다.

셋째, 면역력이 강화되어 염증이 잘 일어나지 않는다. 그러나 감염이 쉽게 일어나고 상처 치유 반응이 느려지는 부작용도 생긴다. 에스트로겐의 비율이 높을수록 상처 치유 능력이 높아진다. 피부에 상처가 생기면 남녀 모두 에스트로겐 농도가 높아져 상처 치유를 돕지만 남성은 에스트로겐 수용체가 적어 여성보다 효과가 낮다.

넷째, 피지선을 자극하여 피지 분비가 유발된다. 여성호르몬은 피지선의 크기와 피지 분비량을 감소시키는 반면, 남성호르몬은 피지선을 발달시킨다. 이 때문에 피지 분비량이 많고 모공이 넓어진다. 사춘기 학생들을 보면 여드름을 가진 남학생이 여학생보다 더 많은 것을 볼 수 있다. 과도하게 분비된 피지는 아크네균이 서식하기 좋은 환경을 만들어준다. 또한 남성은 여드름균에 대한 면역력도 여성보다 떨어지기 때문에 여드름이 쉽게 생기고 치유가 쉽지 않다.

위와 같이 남성호르몬은 피부 내부인 진피에 영향을 미쳐 피부를 강하게 만든다. 그러나 이십 대 후반부터 남성호르몬의 양은 조금씩 감소하기 시작하고 여성보다 빠른 노화를 맞이하게 된다. 남성은 삼십 대 이후 본격적으로 노화가 진행되며 피지 분비 감소에 따라 보습력 감소, 피부 탄력 저하에 따른 주름 형성 등과 같은 피부 변화가 생겨난다.

여성은 나이가 들어갈수록 여성호르몬이 감소하여 세라마이드 양이 줄어들고 피부 장벽이 약해진다. 하지만 남성 피부는 나이가 증가하여도 세라마이드 양에 큰 변화가 생기지 않는다. 노년기 여성이 남성보다 잔주름이 많은 이유이다.

남성 피부는 두텁고 단단하기에 여성보다 건강하다고 생각되는 경향이 있다. 그러나 내부를 들여다보면 오히려 여성보다 취약하여 한 번 무너지면 쉽게 회복되지 않는다. 나이가 들어갈수록 여성보다 회복 속도가 늦어져 겉으로 드러나는 노화 현상도 남성이 훨씬 심각하다. 이러한 이유로 젊었을 때 여성보다 적극적으로 피부를 가꾸어야 노화로부터 대비할 수 있다.

03 시간

: 아침과 저녁에 궁합이 맞는 화장품 찾기

아침에 일어나 잠자리에 들기 전까지 얼굴에 화장품을 몇 번이나 바를까? 중간중간 화장 고치는 걸 제외하면 출근 전에 한 번, 집에 돌아와 화장을 지운 후 한 번 하여 총 두 번 화장대 앞에 앉을 것이다. 외출 전 색조 제품을 사용하고 귀가 후 클렌징으로 화장을 지우는 것을 제외하면 아침과 저녁에 사용하는 기초화장품은 같아도 될까? 아니면 달라야 할까?

화장품을 구매하다 보면 간혹 '나이트 전용'이라는 문구를 붙이고 파는 제품이 있지만 화장품에 아침용과 저녁용이 구분되어 있지는 않다. 물론 햇빛에 노출되면 분해가 빠르게 진행되는 레티놀이나 효과는 좋으나 빛에 노출되면 광독성을 일으킬 수 있는 원료를 사용한 제품은 꼭 밤에만 사용하라고 표시되어 있다. 효능 성분의 특이성에 따른 제품을 제외하면 시간에 따른 구분이 필요한 제품은 없다.

그러나 화장품을 아침과 저녁으로 구분하여 사용하는 데 비용이 더 드는 것이 아니고 화장대가 비좁지 않다면 시간별로 구분된 제품을 사용하라고 권하고 싶다.

아침을 떠올려 보자. 출근 준비로 1분 1초가 바쁜 상황에 공들여 메이크업까지 해야 한다. 기초화장품은 빠르게 흡수되고 무엇보다 메이크업이 잘 받게 도와주는 제품을 사용하는 것이 좋다. 점성이 없는 물 타입 스킨과 폴리머와 왁스 함량이 낮은 저점도, 저경도 제품이 메이크업을 방해하지 않는다. 영양 크림처럼 왁스가 많아 단단한 제품이나 수분 젤 크림같이 폴리머가 많은 제형은 피하는 것이 좋다. 무엇보다 오전에는 선크림과 메이크업 베이스를 사용해야 하는데 대부분 W/O 타입과 오일 제형이기에 피부 밀착력이 강하다. 앞에서 사용하는 기초 제품이 이미 피부 위를 많이 덮고 있다면 뒤이어 사용하는 제품의 접착력이 떨어질 수 있다.

오전에 쓰는 화장품이 메이크업을 도와주기 위해 사용해야 하는 것이라면, 저녁용 화장품은 피부를 정돈하는 제품으로 바꿔주자. 메이크업과 미세먼지 등 각종 오염물질을 지우기 위해 1, 2차 클렌징을 사용한 후에는 진정 성분이 함유된 영양감 있는 스킨으로 정돈하는 것이 좋다. 취침은 피부에 영양분을 공급하기 좋은 시기이다. 일반적으로 화장품에 사용되는 왁스와 오일은 피부에 양분을 공급하는 원료이기에 이러한 재료가 많이 사용된 제품을 쓰는 것이 좋다. 선택하기 힘들다면 경도가 높은 단단한 제형이나 영양 크림 같은 제품을 구매하면 된다. 화장품 회사에서 만드는 영양 크림은 오일과 왁스가 많이 사용된 제품들이 대부분이다.

아침과 저녁에 사용하는 화장품의 구분이 꼭 필요한 것은 아니지만 이왕 사용해야 한다면 피부에 조금이라도 더 많은 도움을 줄 수 있는 제품을 선택하는 것이 좋지 않을까? 사실 시간대 구분이라기보다는 상황에 맞는 제품을 선택하는 것이다. 오전에는 메이크업이 가장 잘 받을 수 있도록 도와주는 기초화장품을 선택하고 저녁에는 피부에 영양 공급이 가장 수월한 화장품을 고르는 것이 피부에 줄 수 있는 부지런함이다.

04 장소

: 외국에 가면 피부가 달라진다는 사실을 아시나요?

과거 겨울, 따뜻한 해변이 있는 베트남으로 휴가를 떠났을 때 피부에 생기는 변화를 관찰해본 적이 있다. 비행기를 타고 고작 5~6시간 날아갔을 뿐인데 하룻밤이 지나니 피부를 덮었던 각질이 사라지고 거칠어진 피부에는 생기가 돌기 시작하는 것을 발견했다. 아마 반대로 더운 여름에 추운 지방으로 여행을 간다면 반대의 경험을 할 수 있을 것이다. 수일에서 수 개월 동안 지금의 환경에 적응했던 피부가 전혀 다른 환경에 노출되자마자 하루 만에 변하는 사실이 놀랍다.

피부를 악화시키는 주요 원인이 자외선이라면, 피부를 변화시키는 가장 큰 요인은 대기 습도와 온도이다. 쉽게 생각하여 습도가 높고 바람이 따뜻하면 피부 속 수분이 증발할 이유가 없다. 좋은 화장품을 매일 바르는 것보다 적당한 온도와 습도를 가지고 있는 지역에 거주하는 것이 피부에 더 이롭다. 우리나라처럼 사계절이 확실한 나라에 살면 앞에서 설명한 것처럼 계절에 따라 적합한 화장품을 선택하는 불편함을 감수해야 한다.

이러한 사실을 놓고 보면 모든 지역에서 잘 팔리는 화장품이 있다는 점은 아이러니하다. 땅덩어리가 작아 부산이 추우면 서울도 눈이 내리고 강릉이 더우면 인천은 열대야에 잠 못 이루는 우리나라는 이해가 가지만 중국만 놓고 보아도 지역별 대기 환경이 극명하게 다르고 지역 주민들도 선호하는 화장품이 다르다. 같은 날 고온 건조한 서북부 신장지역과 온난 다습한 남동부 광저우에 사는 사람의 피부 상태가 같지는 않을 것이다.

화장품으로 임상 평가를 하기 전에는 반드시 피실험자를 온도와 습도가 일정하게 유지되는 방에 수 시간 머물게 하여 피부를 안정화하는 시간을 갖는다. 온도와 습도에 따라 피부가 변하는 것을 막아야 화장품의 효과를 정확히 측정할 수 있기 때문이다. 특히 겨울에는 피부 상태에 따라 개인별 수분지수가 다르게 측정된다. 건성이 심한 피실험자와 평범한 피부를 가진 피실험자의 수분지수를 측정하면 여름철에는 차이가 크지 않지만 겨울에는 큰 차이를 보인다.

지역에 따라 사용하는 화장품이 달라져야 한다는 주장은 내가 살고 있는 기후에 적합한 화장품을 골라야 한다는 이야기와 일맥상통한다. 물론 일부 특정 지역을 제외하면 지구상에 있는 모든 국가의 기후는 얼추 비슷하다. 사람이 살기 좋고 농작물의 생육이 수월한 지역에 사람들이 모여들고 문명이 번성하였기 때문이다.

하지만 타 지역보다 대비 온도가 높고 항상 다습한 싱가포르나 동남아 지역에 사는 주민은 보습크림보다는 피지와 땀으로 인해 발생하는 트러블에 초점을 맞춘 제품이 더 맞을 것이다. 반면에 무시무시한 추위를 자랑하는 알래스카나 러시아에 사는 사람들에게는 왁스 함량이 높은 보습크림과 무거운 오일을 사용한 에멀전이 적합할 것이다.

몇 번 언급하였지만, 화장품의 가장 중요한 기능은 부족한 보습을 채워주는 것이다. 보습지수는 기후에 따라 1차로 결정되고 나이와 피부 상태에 따라 가감이 생긴다. 기후가 피부 속 수분이 손실되는 것에 큰 역할을 하기 때문에 기후에 맞는 제품을 선택하면 부족해질 수 있는 보습력을 유지할 수 있다.

또한, 자외선의 강도에 따라서도 제품 선택은 달라져야 한다. 호주와 같이 백내장 발생률이 높을 정도로 자외선 지수가 강한 지역이라면 높은 SPF 지수를 가진 제품을 선택해야 하며, 싱가포르처럼 자외선 지수가 높으면서 다습한 지역이라면 땀에 강한 W/O 제품을 골라야 한다.

기후뿐만 아니라 해당 국가의 상수도 시스템에 따라 세안제의 개발 방향이 달라지기도 한다. 칼슘이나 마그네슘 등 광물질의 함유 정도에 따라 물의 경도가 결정되는데, 이는 세안에도 영향을 미친다.

경수를 사용하는 중국의 경우 우리나라보다 오염물질이 떨어져 나가는 정도가 약하기 때문에 강한 세안제를 사용해야 한다. 이는 일반인들이 참고하고 선택할 수 없는 내용이기에 내가 가져간 세안제가 잘 안 맞는다면 해당 국가의 로컬 세안제로 바꾸면 된다. 그리고 대기 중 미세먼지가 많은 지역에 산다면, 미세먼지도 씻어낼 수 있는 클렌징 제품을 쓰는 것이 피부를 지키는 방법이다.

피부는 자연에 적응하고 대응하면서 몸을 지켜주는 성곽과도 같다. 성곽은 지역에서 구할 수 있는 재료와 지역 특색에 따라 모양이 달라진다. 생활의 터전을 옮긴다면 그 지역의 제품을 사용해보는 것도 좋은 경험이 될 것이다. 그리고 물론 피부도 환영할 것이다.

화장품의 과거와 미래

ALL THAT COSMETIC

01 : 온천

오랜 전통의 피부과

날이 추워지면 유독 생각나는 곳이 하나 있다. 바로 온천이다. 따뜻한 물에 몸을 담그고 눈을 감으면 움츠렸던 몸이 녹고 건조해진 피부에 생기가 돋게 될 뿐 아니라 정신을 짓누르고 있던 스트레스까지 사라지는 효과를 얻을 수 있다. 근육이 이완되고 뇌로 들어가는 혈류량이 증가하여 정신 건강에도 도움이 된다고 한다.

지표면에서 따뜻한 물이 솟아 나오는 전 세계 모든 지역에는 몸을 장시간 담글 수 있는 온천문화가 자리 잡고 있다. 의학이 발전하지 않았던 과거에 온천은 곧 병원이었다. 오늘날 온천마다 하나씩 가지고 있는 유례를 보면 그 이유를 알 수 있다. 상처 입은 동물이 산 중턱에 있는 웅덩이에 몸을 담그고 일어났는데 멀쩡해진 것을 본 이후 마을 주민들이 상처를 치유하기 위해 사용했다거나, 전쟁에서 부상을 입은 병사가 길을 가던 중 웅덩이에 빠졌었는데 이후 상처가 아물었다는 등의 내용을 보면 과거 선조들이 온천을 어떻게 여겼는지 알 수 있다.

실제로 온천수는 상처를 입거나 피부병을 앓던 사람들의 치유를 위해 사용되었다. 과학적 이유는 찾을 수 없었지만 치유의 효과를 보았다는 소문이 퍼지면서 귀족과 왕이 찾는 장소가 되었고 국가의 관리를 받기 시작했다. 우리나라 문헌을 찾아보면 『동사강목』에서 온천에 관한 최초의 기록을 찾을 수 있다. 선조들도 온천의 효과를 알고, 종종 온천욕을 즐긴 것이다. 특히 조선시대 왕들은 온양 온천을 즐겨 찾았으며, 몸에 피부병이 많은 세종대왕은 온천을 통해 병을 호전시켰다고 한다.

온천법 시행령을 보면 '지하에서 솟아 나오는 섭씨 25도 이상의 온수로 질산성질소 10mg/L 이하, 테트라클로로에틸렌

0.01mg/L 이하, 트리클로로에틸렌 0.03mg/L 이하인 물'을 온천으로 정의하고 있다. 쉽게 말하면 지하에서 솟아나는 따뜻한 물 중 유해 성분이 없는 물이 온천수이다. 온천수는 함유하고 있는 광물의 종류에 따라 세분화되는데 유황을 함유하고 있으면 유황 온천, 탄산 성분이 있으면 탄산 온천이라 불리며 치료 효과도 약간씩 차이가 나지만 온천이라는 큰 범위 안에서는 비슷하다.

온천의 치유 효과는 미네랄 때문이라는 것이 최근 연구에 의해 밝혀졌다. 온천에는 칼슘, 마그네슘, 철, 아연 등 다양한 미네랄이 함유되어 있다. 미네랄은 피부에 흡수되어 케라틴과 엘라스틴 등 피부 구성 성분을 강화하고, 각질 턴오버를 증가시켜 상처를 회복시키는 데 도움을 준다. 온천수는 피부가 섭취하는 종합 비타민인 셈이다.

최근에는 온천수가 피부를 강화해주는 것을 넘어 아토피와 건선에 효과적이라는 연구결과도 발표되고 있다. 일본 연구진은 아토피 환자를 대상으로 구사쓰시에서 나오는 온천에서 매일 10분씩 2회 온천욕을 시킨 결과 76%의 환자들의 증상이 완화되었다는 연구결과를 발표했다. 우리나라 연구진도 아토피 피부를 가진 실험용 쥐를 수안보 온천물로 장기간에 걸쳐 온천욕을 시켰더니 피부가 개선되었다는 논문을 발표하였다. 또한, 이스라엘 연구진들은 사해 지역의 물로 건선 환자의 병을 호전시킨 논문을 발표하였다. 이렇게 온천은 아토피와 건선 등 복합적인 피부 문제도 해결해 줄 수 있는 치료제로 주목받고 있다.

우리가 섭취하는 영양소 중 미네랄은 상당히 적은 양을 차지한다. 직접적으로 눈에 띄는 효과를 볼 수 없기 때문에 등한시하지만 미네랄을 복용하지 않으면 활력을 잃고 신체에 이상 신호가 오기 시작한다. 피부도 마찬가지다. 미네랄은 피부를 건강하게 가꾸어 주는 역할을 하는 필수 요소이다. 의학이 발달하지 않고 영양분 섭취가 고르지 않았던 과거에 온천은 미네랄 공급원 중 한 곳이었다.

온천은 우리 피부를 건강하게 만들어주기도 하지만 지친 몸에 에너지를 채워주고 스트레스를 날려버리는 작용도 한다. 매연과 공해에 찌들고 스트레스에 눌려 사는 현대사회에서 과거에 온천욕을 하며 신체와 정신을 강하게 만들었던 선조들의 지혜를 잊지 말아야 한다. 온천은 최고의 피부 종합 예방 및 치유 병원이다.

02

전통

:

화장의 시작

'Illumination&Ultimate Gray'

색채 연구소 팬톤이 선정한 2021년 올해의 컬러이다. 팬톤은 20여 년간 매년 올해의 컬러를 발표하는데, 심미적 요소만 언급하지 않고 시대 정신도 반영한 색을 선정한다. 코로나 19로 힘들었던 2020년을 벗어나 힘차게 도약하자는 의미로 역동적인 노란색과 강인한 회색을 선택했고 낙관, 희망, 긍정을 표현하는 다양한 제품들을 선보였다. 올해의 컬러에 가장 발 빠르고 민감하게 반응하는 곳이 메이크업 브랜드이고 매년 3월이면 신제품이 매장을 뒤덮는다.

기온이 오르고 습도가 높아지는 봄이 되면 피부에 수분이 올라와 각질이 사라지고 피부 결이 고와지며 윤이 난다. 메이크업이 가장 잘 받는 시기가 시작된 것이다. 화장품이 없을 것 같던 과거에도 선조들은 따뜻함이 시작되는 봄을 기다렸고 지금의 메이크업과 유사하게 얼굴을 꾸몄다.

첫 단계는 지금의 메이크업 베이스와 유사한 분칠로 피부를 하얗게 만드는 것인데 주로 쌀을 갈아서 만든 미분을 물과 기름으로 개어서 사용했다. 두 번째 단계는 꽃잎에서 얻은 색소로 볼과 입술을 칠한 것으로 가장 많이 사용된 꽃이 잇꽃으로 알려진 홍화이다. 또한, 목탄을 사용해서 눈썹을 그리기도 했다. 지금과 비교하면 화장품의 종류와 표현할 수 있는 색이 적었을 뿐 꾸미는 방식은 비슷했다. 아름다워지고 싶은 욕망은 과거나 지금이나 남녀노소 변함없이 가지고 있는 욕구이다.

화장은 어디서 시작되었나?

화장 얼굴에 무엇을 바르고 묻혀 원하던 효과를 타인으로부터 얻는 행위 은 주술 문화에서 시작되었다고 보는 견해가 다수이다. 신과 인간 사이의 전령자인 주술사와 부족장은 의식을 시작하기에 앞서 화장을 하였다. 화장은 아름다움을 보여주기 위한 꾸밈보다는, 일반인과 차별화를 나타내는 권위를 보여주기 위한 방식이었다. 전쟁에 참여하는 전사는 얼굴과 몸에 문신으로 상대방에게 위압감을 주었다.

화장의 목적을 지금과 같이 꾸밈의 의미로 바꾼 최초의 시도는 이집트에서 시작되었다는 견해가 많다. 세계 미인 사전에 항상 언급되는 클레오파트라를 비롯한 이집트 귀족층은 권위와 아름다움을 동시에 보여주는 화장을 시도했다. 벽화와 조각으로 남겨진 그들의 모습을 보면 하나같이 검은 단발과 오뚝한 코를 가지고 있으며 무엇보다 양옆으로 검게 뻗은 눈매를 인상 깊게 볼 수 있다. 지금의 아이섀도로 한 눈매 화장과 비교해도 전혀 어색하지 않은 화장법이다. 아름다움에 눈뜬 이집트인들은 한때 페니키아인이 전 세계에 보급하는 화장품 원료의 가공을 거의 독점했다고 한다.

반면 동시대의 그리스인은 인위적인 치장보다는 몸의 균형과 비율로 아름다움을 논했다. 체육을 관장하고 몸을 정결하게 씻는 등 치장보다는 청결을 아름다움이라 보았다. 이후 로마 시대에 수많은 공중목욕탕이 건설되었고, 현대적인 위생관념이 뿌리내리기 시작했다. 시대가 변함에 따라 미의 기준은 달라지지만, 치장과 위생 그리고 균형 잡힌 건강한 몸은 아름다움의 3박자가 되어 현재까지도 불변의 영역으로 남아 있다.

자연스러움을 강조한 우리의 화장술

서양은 수은과 안티몬을 비롯한 중금속 화학물질을 사용하여 피부 본연의 색을 희미하게 만들고 그 위에 색을 입히는 방식을 사용했다. 하지만 화장을 위해 사용된 중금속은 건강을 해치고 심지어 죽음에도 이르게 만드는 심각한 부작용을 양산하였다.

서양과 달리 우리나라 화장술은 인위적인 화려함과는 거리가 멀었다. 꽃잎과 곡식 등 자연에서 추출한 자연 원료를 주로 사용하였다. 피부 위에 자연스럽게 스며드는 위화감 없는 화장법을 고안한 것이다. 그나마 홍화에서 뽑아낸 붉은 연지를 뺨에 바르는 정도가 강조할 수 있는 최대치였고, 그마저도 고려 시대에는 장려되지 않았다.

고려 여인들의 생활상을 서술한 『고려도경』에는 "부인들의 화장은 향유를 바르는 것을 좋아하지 않고, 분을 바르되 연지는 칠하지 아니하고, 눈썹은 넓게 그리고, 세 폭으로 된 검은 비단으로 된 너울을 쓴다."라는 내용이 담겨있다. 화려한 치장을 멀리하고 자연스러운 아름다움을 중시하던 시대상을 볼 수 있는 대목이다. 하지만 고려 말기로 갈수록 계급층을 중심으로 화려한 화장이 유행하였고 새로 건국된 조선 귀족사회에 큰 시사점을 남겨주었다.

유교 문화를 받아들인 조선 시대 사대부 여인들은 외면적인 아름다움보다 내면을 가꾸는 데 힘썼으며 염장한 기녀들의 화장과는 차별화를 두었다. 남성들도 항상 깔끔하고 단정한 옷 가짐을 보였으며 흐트러진 모습을 보이는 것을 극도로 꺼렸다.

우리의 화장법에도 변화가 생긴 것은 일본 화장품이 국내에 유입된 이후라고 볼 수 있다. 메이지유신 이후 서구 문물을 무

차별적으로 받아들이던 일본은 서구의 화장기술까지 수입했고 세밀한 기술을 보태어 자신들만의 화려한 동양의 색으로 변신시켰다. 지금도 시세이도를 비롯한 일본기업의 화장품은 세계 트렌드를 이끌 정도로 인정받고 있다.

1900년 이후 형형색색의 화려한 분가루가 소개되었으나 가정에 빠르게 전파되지는 않았다. 전쟁 이후 먹고 사는 문제가 시급했던 상황에서 화장은 사치일 뿐이었다. 그러나 컬러 TV의 보급 이후 화장품을 바라보는 생각은 180도 달라졌다. 브라운관에 비치는 배우들의 화려한 입술과 눈매는 대중을 사로잡기에 충분했다. 화장은 번거롭고 귀찮은 행위였지만 나도 배우처럼 예뻐질 수 있다는 생각은 없는 시간도 만들어냈다. 시간이 흘러 이제는 남성들도 거부감 없이 메이크업하는 시대가 되었다.

03 :

코스메슈티컬

온천의 현대적 재해석

'Cosmetic+Pharmaceutical=?'

정답은 무엇일까? 화장품에 조금이라도 관심이 있는 사람이라면 한 번은 들어 봤을 '코스메슈티컬'이 정답이다. 처음 코스메슈티컬이란 단어를 접했을 때는 말장난으로 들렸고 한 번 지나가는 유행이라고 생각했었다. 하지만 드럭스토어라는 신규 가두 매장이 증가하고 매장 내 한쪽 면을 코스메슈티컬 브랜드로 채우기 시작하면서 지금은 당당히 화장품의 한 부류로 자리 잡았다. 이제는 주변에서 해외의 유명한 코스메슈티컬 화장품을 직구 하는 소비자들도 심심찮게 볼 수 있다.

2015년에 전 세계 코스메슈티컬 시장은 40조 원을 돌파했고 전체 화장품 시장의 13%를 차지했다고 한다. 이에 반해 국내 코스메슈티컬 시장은 5,000억에 머물고 있으며 전체 시장에서 4%밖에 차지하지 못하고 있다. 하지만 매년 15%의 성장률을 보여 향후 화장품 시장에서 큰 부분을 차지할 것으로 예상하기 때문에 국내 화장품 회사들도 코스메슈티컬 시장에 더욱 집중하고 있다.

외국은 코스메슈티컬 브랜드의 역사가 오래되었지만, 국내에 알려지기 시작한 것은 2000년 이후이다. 1세대 코스메슈티컬 브랜드라고 하면 이지함 화장품 등 피부과에서 판매되는 화장품을 생각할 수 있다. 레이저 시술 후 약해진 피부를 자외선과 유해환경으로부터 보호하고 빠르게 복원시키기 위해 개발된 제품으로 의사의 카운슬링을 받을 수 있다는 장점이 있다. 하지만 워낙 고가에 유통의 한계로 널리 알려지지는 않았다.

사실 병원에서 판매되는 대부분의 제품들은 ODM 업체가 개발한 제품으로 실제 의사들이 개발에 관여한 제품은 많지 않다. 병원에서 판매하면 믿을 수 있다는 소비자의 심리를 이용한 제품으로 코스메슈티컬의 옷을 입은 일반 화장품이었다.

비쉬, 아벤느, 피지오겔 등 유명 해외 제품이 약국에 속속 입점하면서 코스메슈티컬 진영의 부흥기가 시작되었다. 2세대 코스메슈티컬은 두 부류로 나눌 수 있는데 구전으로 전해지던 온천의 치료 효과가 과학적으로 검증되면서 유명 온천수를 적용한 브랜드가 한 부류로 비쉬와 아벤느가 있다.

또한, 의사와 약사가 직접 제품 개발에 참여하여 만들어진 피지오겔과 유세린이 다른 한 부류로, 피부치료제로 사용되는 제품이 코스메슈티컬로 발전하였다. 이들의 역사는 오래되었지만 국내에 들어온 시기로 보면 2세대 코스메슈티컬 브랜드로 볼 수 있다. 드럭스토어와의 케미가 폭발하면서 국내 화장품 시장의 한 영역을 구축한 시기가 바로 이때부터다.

해외 코스메슈티컬 브랜드의 성공을 보며 국내 화장품 회사들이 본격적으로 참여하여 코스메슈티컬의 부흥을 일군 지금이 3세대 코스메슈티컬로 볼 수 있다. 코스메슈티컬 제품을 사용하는 소비자들의 구매 이유를 분석해보면 유해 성분이 배제된 순한 제품을 찾는 사람들이 한 부류이고 여드름, 민감성, 악건성 등 피부 근본적인 문제를 치유하고 싶어 하는 소비자들이 다른 부류를 이룬다. 이 때문에 유해물질을 원료 단계에서 배제하고 개발된 제품이 코스메슈티컬의 기본 처방이 되었고, 의약품에 사용하던 원료를 적용하여 기존 브랜드들과 차별화했다.

대표적인 원료가 마데카솔에 사용되던 센텔라아시아티카이다. 상처 입은 호랑이가 몸을 뒹굴면서 상처를 치유했다고 하여 '호랑이풀' 또는 병을 치유하는 식물이라 하여 '병풀'이라고 불리는 식물에서 추출한 성분으로 코스메슈티컬의 대표적인 원료가 되었다. 제약 회사와 손잡고 피부 관련 질환에 치료제로 사용했던 원료를 화장품에 적용한 제품들이 속속 연구되고 있다.

서양에서는 오래전부터 코스메슈티컬 제품이 화장품의 한 축으로 자리 잡았다. 고대 로마시대부터 온천을 이용해 피부를 치유하던 습관이 의학적으로 해석되면서 화장품으로 대중화된 것이다. 이처럼 피부의 겉만 만져 주는 것이 아니라 근본적인 치유를 해주는 것이 코스메슈티컬이 궁극적으로 나아가야 하는 길이 아닐까 생각한다.

04 :

마이크로니들

각질층을 뚫는 가장 확실한 방법

〈왕좌의 게임〉 시즌 4를 보다 보면 거대한 장벽을 사이에 두고 야인과 인간이 벌이는 거대한 전투 장면을 볼 수 있다. 남쪽으로 진군하는 야인들이 성벽으로 이루어진 얼음 장벽을 넘기 위해 각종 전략을 펼치고 이들의 진입을 막기 위한 인간의 대결은 시청자들을 드라마에서 빠져나오지 못하게 만든다.

드라마 속 전투 장면은 피부 속으로 침투하기 위한 화장품과 이를 막기 위한 각질층과의 싸움과 비슷하다. 화장품을 외부 물질로 인식하는 피부 때문에 화장품의 효능이 반감되는 것은 안타깝지만, 우리 몸의 건강을 책임지는 피부 입장에서는 모든 물질을 쉽게 받아들일 수 없다. 이 때문에 연구원들은 화장품의 피부 침투를 높이기 위해 다양한 전략을 구사한다.

지금은 사람들의 기억에서 많이 사라졌지만, 한때 마이크로니들Microneedle 화장품이 유행이었던 적이 있다. 2013년 설화수에서 '예소침'이라는 제품을 출시했는데, 소비자의 머릿속에 자리 잡고 있던 화장품과는 완전히 다른 모습을 가진 제품이었다. 아이패치에 수백 개의 미세한 바늘 같은 돌기가 촘촘히 박혀 있어 피부에 붙이면 따끔거리는 느낌을 주었다. 마이크로니들이라는 기술을 화장품에 접목한 혁신이었다.

마이크로니들은 의료 서비스를 받기 힘든 제3세계 국가 아이들의 백신 접종을 위해 개발된 제품이다. 말 그대로 바늘이 촘촘히 박혀 있는 패치로 피부 부착 시 각질층에 미세한 구멍을 만들면 구멍을 통해 백신이 침투할 수 있도록 개발된 제품이다. 마이크로니들은 사용된 재질과 형태에 따라 다양한 이름이 붙지만 화장품에서 사용하는 마이크로니들은 크게 솔리드 마이크로니들Solid microneedle, 단단한 바늘로 구멍을 내는 방식과 솔루블 마이크로니들Soluble microneedle, 피부에 부착하면 바늘이 피부 속에서 녹는 방식로 구분된다.

솔리드 마이크로니들은 화장품으로 볼 수 없고 단지 화장품의 흡수를 도와주는 기기이다. 플라스틱이나 쇠로 이루어진 수십 개의 바늘이 스탬프 같은 기기의 밑부분에 붙어있어 피부에 누르면 각질층에 미세한 구멍을 뚫을 수 있다. 바늘의 길이에 따라 100um에서 1mm까지 구멍을 뚫을 수 있는데 1mm로 사용하면 모세혈관이 터질 수도 있다. 기기로 피부에 구멍을 뚫은 후 화장품을 발라주면 각질층을 그대로 통과하기에 흡수율이 상당히 높아진다.

솔루블 마이크로니들은 화장품의 외관에 맞게 개발된 제품으로 예소침에 사용된 기술이다. 패치 형태로 이루어져 있으며 수많은 미세한 바늘이 촘촘히 박혀 있고 바늘 속에는 각종 효능 물질이 들어 있다. 얼굴에 부착하면 바늘이 피부를 뚫고 들어가 박힌 상태서 일정 시간 동안 서서히 녹으면서 피부 속으로 효능 물질이 전달되는 방식이다. 약 30분 정도 사용하면 패치에 있던 효능 물질이 각질층의 방해 없이 피부 속으로 흡수되기에 일반 화장품을 바르는 것보다 수십 배 이상 높은 전달 효율을 기대할 수 있다.

마이크로니들은 일반 화장품보다 효과가 우수하지만 제조 가격이 비싸고 따끔거리는 느낌이 부정적으로 인식되어 사장된 비운의 제품이다. 그러나 화장품으로의 효과는 어떤 제품보다 뛰어나기 때문에 조금만 개선되면 언제든지 다시 세상에 나올 수 있는 제품이다. 화장품의 효과를 높이기 위해, 정확히 표현하면 각질 침투력을 높이기 위해 의료계와의 협업도 중요해졌다.

05

미용기기

:

홈쇼핑 화장품 채널을 보면 지금 가장 유행하는 제품이 무엇인지 알 수 있고 기술의 흐름을 파악할 수 있어서 가끔 시청하고 있다. 간간이 화장품의 흡수를 도와주는 미용기기를 선전할 때도 있는데 IT 기술이 화장품에 도입된 걸 보면 신기하기도 하다.

사실 피부 흡수를 도와주는 아이템이 갑자기 생겨난 기술은 아니다. 관련 논문은 지속적으로 나왔었고 기기를 사용하면 화장품의 흡수가 증가한다는 내용은 모든 화장품 연구원들도 알고 있는 사실이다. 그러나 가정에서 사용하기 부담스러운 가격과 크기 그리고 투박한 디자인으로 소비자의 손에 닿기까지 오랜 시간이 걸렸다. 그러나 이제는 한 손에 들어갈 정도로 작아졌고 가격까지 합리적으로 책정되면서 가정마다 미용기기 한 대씩은 있을 정도로 보편화되었다.

수없이 언급했듯이 피부는 외부 물질을 쉽게 신체 내부로 받아들이지 않는다. 화장품은 각질과 표피라는 문지기에게 맛있는 당근을 주면서 안으로 들어갈 수 있게 문을 조금만 열어 달라고 항상 애원하는 신세이다. 문지기에게 아쉬운 소리를 하는 게 싫어서 만들어진 도구가 바로 주사기이다. 주사기는 피부를 물리적으로 뚫고 들어가기 때문에 원하는 물질을 100% 피부 속으로 주입할 수 있다. 앞에서 설명한 마이크로니들이 화장품용 주사기이다. 그러나 얼굴 전면부에 발라야 하고 표피에도 효과를 주어야 하는 화장품에 주사기는 완벽한 보조도구가 아니다.

피부는 벽돌처럼 세포가 겹겹이 쌓여 층을 이루고 있지만 시멘트로 틈새를 메운 것은 아니기 때문에 물질이 흘러갈 수 있는 공간이 있다. 연구원들은 세포와 세포 사이로 화장품을 밀어 넣기 위해 많은 시도를 했는데 전자 기기의 도움으로 더 많은 물질을 주입하는 방법을 찾았다. 피부층을 조금 더 자세히 들여다보면 세포와 세포는 마치 짧은 끈으로 엮어져 있는 것처럼 유동성을 가지고 있다. 이 때문에 외부 충격에 의해 피부층이 흔들리더라도 금세 자기 자리로 되돌아올 수 있다. 산에서 볼 수 있는 흔들다리가 겹겹이 층을 이루고 있다고 생각하면 이해가 쉬울 것이다.

미용기기는 흔들다리에 일시적인 충격을 주어 흔들림을 크게 만들어준다. 동일하게 촘촘한 간격을 유지하고 있던 나무판자들이 흔들리면서 간격이 넓어졌다가 좁아졌다가를 반복하게 되고 간격이 커진 틈을 이용해 화장품이 피부 속으로 침투하도록 유도하는 것이 미용기기의 목적이다. 충격을 주는 방식이 전기이면 일렉트로포레시스Electrophoresis, 음파이면 소노포레시스Sonophoresis 등 적용되는 방식에 따라 이름을 붙인다. 최근 유행하는 갈바닉 미용기기는 이탈리아 과학자 갈바닉이 근육에 전기가 통한다는 현상을 발견하여 붙여진 이름으로 피부에 전기

충격을 주어 화장품의 흡수를 증가시킨 방법이다.

기기를 사용하면 화장품의 흡수는 증가한다. 증가할 수밖에 없다. 다만 기기를 선택할 때는 내 피부에 적합한지, 부작용은 없는지 주의하여 사용해야 한다. 기기를 판매하는 회사는 인체에 해를 미칠 정도로 강한 전류가 아니고 무해하다고 하지만 모든 사람에게 적용되는 말은 아니다. 사람마다 피부 강도가 다르고 알레르기를 일으키는 물질도 전부 다르듯이 전류에 의해 트러블이 생기는 사람들도 있다.

기기를 사용하면 어떤 화장품이든 피부 흡수가 촉진된다. 이 때문에 굳이 특정 화장품을 사용해야만 하는 이유는 없다. 물론 갈바닉 기기와 같이 극성으로 제품을 밀어 넣어 투과율을 높이는 방식의 경우, 비타민처럼 전하를 가진 물질을 적용한 화장품을 사용할 때 효과가 배가 될 수는 있다. 그러나 "이 기기를 사용할 때는 꼭 이 제품을 사용해야만 합니다."라는 업체의 상술에 놀아날 필요는 없다. 대부분 미용기기는 어떠한 제품을 사용하여도 동일하게 피부 투과를 증진해 준다.

화장품은 피부와의 끊임없는 싸움을 통해 발전하였다. 좋은 물질을 조금이라도 더 침투시키기 위해 연구원들은 다른 산업 분야의 기술도 적용하고 도입하고 있다. 다만, 의욕이 너무 앞서면 득보다 해가 될 수 있다. 색다른 제품을 사용할 때는 내 피부에 맞는지 꼭 테스트해보고 구매하는 습관을 갖는 것이 좋다.

06 : 유전자 맞춤형 화장품

나를 위한 단 하나의 제품

화장품 기업인 잇츠스킨과 생명공학 기업인 디엔에이링크가 유전자 맞춤형 화장품 개발을 목표로 MOU를 체결했다는 소식을 들었다. 엘지생활건강과 아모레퍼시픽도 작년부터 생명공학 기반 벤처 회사 엘지생활건강-마크로젠/아모레퍼시픽-테라젠이텍스와 손잡고 유전자 맞춤형 화장품 개발을 시작했다. 국내 대표적인 화장품 회사들이 이쪽으로 방향을 잡은 만큼 조만간 유전자 기반 맞춤형 화장품이 하나의 트렌드로 자리 잡는 것은 시간문제이다.

맞춤형 화장품은 2017년 식약처에서 공고한 '맞춤형 화장품

판매 활성' 보고에서 시작되었다. 화장품 제조판매업자 직영매장, 면세점 및 관광특구 내 화장품 매장에서만 판매 가능하며 개인의 특성에 맞게 화장품 간 또는 화장품과 원료의 혼합을 즉석에서 한 후 판매하는 방법이다.

간단히 설명하면 매장에서 피부 측정 장비를 이용하여 소비자의 피부를 파악한 후 적합한 제품을 제시하는 판매 방식이다. 그러나 위와 같은 방법으로 개인의 피부 상태를 측정하는 것은 한계가 있다. 측정 시점의 피부 상태가 그 사람이 가지고 있는 피부를 그대로 보여주지 못하기 때문이다.

가령 겨울철 오전에 피부 측정을 했다면 보습 지수가 상당히 낮게 표시될 것이고 여름철 한낮에 측정하면 평균 대비 높게 측정될 수밖에 없다. 전날 과음을 했거나 며칠간 야근을 한 후에 측정한다면, 평상시보다 안 좋은 결과가 나올 수 있다. 즉 현장에서 평가하는 피부 상태는 측정자의 피부를 100% 대변할 수 없기 때문에 맞춤형 화장품에 한계가 있을 수밖에 없다.

이에 반해 유전자 맞춤형 화장품은 한 단계 진화한 버전으로 개인이 가지고 있는 피부 타입을 유전자 분석으로 알아내는 방식이다. 유전자는 시시각각 변화하는 것이 아니기 때문에 언제 측정해도 같은 값을 얻을 수 있다.

또한, 멜라닌 생성 유전자나 엘라스틴 관련 유전자의 활성도를 측정하면 현재 피부에서 부족한 것이 무엇인지 정확히 알 수 있어서 보충할 수 있는 제품을 추천해줄 수 있다. 물론 화장품으로 유전자의 발현 정도를 변화시키는 것은 쉽지 않을 것이다. 하지만 피부 문제점의 원인을 유전자 레벨에서 파악할 수 있고 보완책을 제시할 수 있다는 것은 긍정적인 점이다.

암과 질병의 유무를 측정하고 치료 및 예방을 권고하는 유전자 분석 진단 제품은 이미 의료계에서는 사용되고 있는 기술이다. 분석을 토대로 질병이 의심되면 MRI와 조직 검사를 통해 확진 및 치료를 하는 방식으로 조기에 진단할 수 있다는 장점이 있다. 해당 기술을 피부 유전자에 특화한다면 조기 진단이 가능하고 치유할 수 있는 화장품을 만들 수 있다.

그러나 유전자 맞춤형 화장품은 아직 갈 길이 멀다. 법적으로 측정할 수 있는 유전자 종류가 한정되어 완벽한 피부 타입을 알 수 없고 제품 판매자가 의사가 아닌 카운슬러이기에 전문성도 결여되어 있다.

10여 년 전 학생들의 유전자를 분석하여 유전자만으로 아이의 진로를 권고해주는 사업체들이 우후죽순처럼 생겨났고 사회적 문제가 되었던 적이 있었다. 몇 가지 유전자를 분석한 뒤 "이 아이는 근육을 만들어내는 유전자가 남들보다 우수하니 운동을 시키세요."라고 말하는 고발 프로그램의 잠입 취재 대화를 들으며 한 사람의 인생에 대해 그렇게 쉽게 말하는 회사 대표의 양심에 기가 찼었다. 유전자 맞춤형 화장품도 유전자가 100% 피부를 대변할 수 있다는 생각을 버려야 한다. 피부는 유전자보다 환경이라는 요인에 더 큰 영향을 받는다.

07

마이크로바이옴

:

미생물의 변신

'마이크로바이옴Microbiome'은 인간의 몸에 공생하는 미생물 군집과 이들의 유전체를 의미하는 용어로 인간의 건강과 긴밀한 상관관계가 있음이 2000년 이후 알려지기 시작했다.

100년 전 유산균에 주목한 과학자가 있었는데 우리가 상표명으로도 잘 알고 있는 메치니코프 박사이다. 그는 불가리아인이 타민족 대비 장수하는 비결을 음식 그중에서도 발효 음식에서 찾았다. 그들이 매일 먹는 유제품에 들어 있는 수많은 미생물이 건강을 도와주는 유익균이라는 사실을 밝혀냈고 불가리안 바실러스라고 명명하였다.

이러한 메치니코프의 열정적인 발표에도 불구하고 밀가루를 비롯한 현대인들의 좋지 않은 식습관은 장내 미생물에게 좋은 먹이를 제공하지 못하였고, 과도한 항생제 복용은 유익균을 죽이는 결과를 만들었다. 현대병이라 일컬어지는 다양한 면역질환과 뇌 질환, 비만을 비롯한 성인병을 없애기 위해 장내 미생물 복원이 하나의 방법으로 떠오르고 있다.

2013년 세계적인 과학지인 사이언스에 재미있는 논문이 게재되었다. 한 명은 건강 체형, 다른 한 명은 비만 체형인 유전자가 동일한 일란성 쌍둥이의 장내 미생물을 채취해서 분석한 결과 균의 종류와 숫자 등 장내 균총이 서로 달랐다. 채취한 미생물을 각각 균을 없앤 마우스의 장에 넣어주고 같은 양의 같은 음식을 먹였는데 비만인의 미생물을 이식한 마우스의 체중이 더 증가하였다. 일란성 쌍둥이의 서로 다른 식습관이 장내 미생물의 변화를 초래하였고 건강에 영향을 미침을 증명한 실험이었다.

대부분의 인체 미생물은 장에 존재하지만 피부에도 수많은 미생물이 살고 있다. 미생물을 제품에 적용한 마이크로바이옴 화장품이 혜성처럼 등장하였고 연초부터 각종 화장품, 샴푸 광고에서 마이크로바이옴 단어를 퍼트리고 있다. 사실 마이크로바이옴은 장과 관련된 질병과 항암제 등 신약 개발을 위해 상당히 활발히 연구되고 있지만, 피부에 존재하는 균에 대한 연구는 많이 이루어지지 않았다. 하지만 2021년 03월 국내 대표적인 마이크로바이옴 개발사인 '지놈앤컴퍼니'가 '코스맥스' 연구팀과 함께 마이크로바이옴 균주가 피부 대사를 조절해 노화 현상에 영향을 준다는 사실을 밝혀내 세계적인 학술지에 기고하였다.

마이크로바이옴은 항상 같은 현상을 유지하는 것은 아니고 식습관과 나이 및 환경에 따라 변화하는데, 피부에 서식하는 미생물의 인체 나이에 따른 변화를 찾아내고 추적하여 항노화 관련 단백질을 찾아낸 것이다. 이로써 피부 속 균주가 어떤 원리로 노화에 관련되는지 알아낼 수 있고 더 나아가 미백, 주름 등 다양한 세부 영역까지 연구가 이루어질 수 있는 발판을 마련했다.

아직 화장품에 사용되는 마이크로바이옴은 반쪽짜리 물질

에 불과하다. 신약으로 연구되는 물질은 전부 살아 있는 live microorganism이지만 화장품에는 살아 있는 균을 원료로 사용할 수 없기에 dead microorganism밖에 사용할 수 없다. 균이 살아 있는 상태로 피부에 전달되어야 지속해서 물질을 만들어 낼 수 있는데 죽은 균이 들어가면 효과적인 물질을 만들 수 없기 때문이다.

하지만 여러 연구에서 사균도 면역체계에 영향을 미친다는 결과가 발표되었다. 즉, 마이크로바이옴이 살아 있는 상태로 투입되는 것이 중요하지만, 균이 투입 중에 죽는다고 해도 전혀 효과가 없다는 것은 아니다. 연구원들은 균의 외관이 면역체계를 비롯한 인체 생태계에 영향을 미친다고 보고 있다.

마이크로바이옴은 아직 가야 할 길이 많다. 우리나라 정부에서도 2020년 마이크로바이옴 이니셔티브를 발족하여 막대한 연구비를 투입하고 있다. 우리가 먹은 음식을 소화해주는 역할만 할 줄 알았던 마이크로바이옴이 인간이 아름답고 건강하게 살 수 있도록 도와주는 고마운 존재였다.

08

:

오가노이드

재생의학의 결정판

'오가노이드Organoid'는 줄기세포에서 한 발짝 진보한 기술로 환자로부터 얻은 줄기세포를 신체 외부에서 3차원 배양하여 조직까지 이식하는 기술이다. 마치 영화에서 보듯이 간이나 심장이 안 좋은 환자는 치료 없이 새로운 장기로 교체할 수 있고 다리가 절단된 사람도 도마뱀처럼 원래 있던 다리와 똑같은 새로운 다리를 받을 수 있다. 공상과학 소설에서 접할 만한 얘기처럼 들리지만 재생의료는 빠른 걸음으로 성장하고 있으며 독일, 이스라엘 연구진들은 인공 미니 심장과 장 심지어 뇌도 개발하였다.

피부세포는 끊임없이 분화하지만 화상 환자는 피부 조직이 괴사 되어 재생이 이루어지지 않는다. 피부가 없으면 감염에 노출되기에 정상적인 생활이 불가능하며 피부에는 면역세포가 분포하고 있기에 이식도 쉽지 않다.

화상 환자 피부 재생을 위한 피부 오가노이드 연구가 각국에서 이루어지고 있다. 환자 본인의 세포를 외부에서 배양하여 피부와 유사한 모습을 만들고 이를 이식하는 기술이다. 아직 가야 할 길이 멀기는 하지만 이론적으러 접근이 가능하다. 이미 실험실에서는 100% 유사하지는 않지만 콜라겐과 엘라스틴으로 구성된 인공 피부가 실험용으로 사용되고 있다.

피부 오가노이드 분야에서 가장 빠른 연구가 진행된 분야는 모낭 세포 이식이다. 머리카락은 6주 단위로 새로 나오지만 모낭 세포가 망가지면 더 이상 새로운 머리카락이 자라나지 않고 탈모로 이어진다. 지금까지 탈모를 방지하기 위해 약물을 먹거나 절개를 통한 모낭 이식술이 이루어지지만 모낭 세포 오가노이드가 개발되면 원하는 부위에 수많은 모낭 세포를 심을 수 있다. 로레알은 10여 년 전부터 3D 프린팅을 이용한 모낭조직 형성 연구를 진행하고 있다.

오가노이드는 피부과 시술의 한 축으로 떠오를 전망이다. 보톡스와 필러로 양분되던 주름 개선 시장에 오가노이드가 새로운 축으로 등장했다. 오가노이드는 필드에서 사용되고 있는 지방 이식술을 대체할 기술로 평가받고 있다. 지방 이식술은 허벅지와 엉덩이 지방을 뽑아낸 후 피부에 주입하는 기술이다.

노화에 따라 얼굴 지방이 사라지면 볼륨이 줄어들고 주름이 생긴다. 지방 이식술로 피부에 부족한 지방을 채워줄 수는 있지만 그 이상의 효과는 기대하기 힘들었다. 하지만 오가노이드는 외부에서 배양한 본인 피부 조직을 넣어주는 기술로 지방 이식과 같이 물리적으로 부족한 볼륨을 채워주는 동시에, 이식한 조직에서 만들어내는 수많은 성장인자가 피부를 자극하여 엘라스틴과 콜라겐을 스스로 만들어낸다. 한 번의 이식으로 장시간 효과를 볼 수 있는 기술이다.

미간 주름을 개선해주는 세포치료제가 처음 허가받은 이후 수많은 기업에서 주름 개선을 위한 세포치료제 시장에 진출하였지만 효과가 미비하여 큰 반향을 불러일으키지 못하였다. 오가노이드는 세포치료제보다 한 단계 더 진보한 기술로 물리적 볼륨 형성과 세포치료제보다 풍부한 콜라겐을 생산할 수 있는 장점이 있어 필러와 보톡스에 이은 또 하나의 블록버스터 피부재생 치료제가 될 것이다.

EPILOGUE

얼마 전, 이사를 앞두고 책장을 정리하려고 꽂혀 있던 책을 살펴보던 중『살아 있는 것들의 아름다움』의 첫 장에서 눈에 익은 글씨를 발견했다.

"자신이 좋아하는 분야의 지식을 필체로 그린다는 것은 매력적이다. 나도 언젠가는 글을 쓸 것이다. 나만 알고 있는 것을 써내려갈 것이다! 내가 진정 바라는 것!! 2004.03.29."

손발이 오그라들고 닭살을 돋게 한 이 글은 아무리 봐도 내 필체였다. 14년 전 혈기 왕성한 젊은 군인이 스물두 살의 나이에, 과학 전문잡지『디스커버』의 창간 멤버이자 뉴욕타임스에서 20년간 과학 기사를 썼고 퓰리처상을 수상한 나탈리 앤지어의 책을 읽고 한껏 취해 책 첫 장에 적은 글이었다. 아무리 기억을 되살리려고 해도 도대체 왜 그런 말을 적었는지는 기억나지 않았지만 결국 노랫말처럼 '말하는 대로' 이루어졌다.

화장품은 스마트폰처럼 항상 옆에 두고 매일 사용하는 제품이지만 단순히 스펙으로 설명할 수 없고, 기능이 발전해도 소비자가 보는 외관은 큰 변화가 없기에 과학적으로 설명하기 힘든 제품이다. 또한, 진보된 기술보다는 인플루언서의 사진 한 장에 제품의 운명이 결정되곤 하기 때문에 감성마케팅이 과학적 연구보다 우선시되기도 한다. 그러나 아무리 감성에 호소해도 제품의 효과가 없다면 시장에서 사라지고, 제품이 좋다면 광고 사진 한 장 없이도 입소문을 타고 살아나는 것 또한 화장품이다.

이 책을 쓰기 시작하면서 독자들에게 전달하고자 하는 내용의 깊이를 정하기까지 많은 고민이 있었다. 넘쳐나는 뷰티 잡지와 블로거들 사이에서 그들이 들여다볼 수 없는 속을 알려주고 싶었고, 화장을 지운 화장품의 민낯에 대해서도 말하고 싶었다. 외국 브랜드가 백화점을 점령하던 때부터 지금까지 화장품을 연구해온 사람으로서 현재의 K-Beauty 열풍과 외국에서 내가 개발한 제품을 발견했을 때의 기쁨은 이루 말할 수 없다.

아무쪼록 K-Beauty의 열풍을 이어받아 발전시키고 싶은 학생들뿐만 아니라 화장품에 과학적으로 접근하고 싶어 하는 소비자들의 제품 선택에 이 책이 조그마한 도움이 되길 바란다.

- Handbook of Cosmetic Technologies. Nillo Chemicals. 2016.
- Modern Aspects of Emulsion Science. Bernard P. Binks. The Royal society of Chemistry. 1998.
- Handbook of Cosmetic Science and Technology. Andre O. Barel, Howard I. Maibach. CSR Press. 2001.
- www.cancer.org
- www.britannica.com
- www.verywellhealth.com
- www.mfds.go.kr
- 장성재, 『생활속의 자외선』, 화장품신문사, 2002.
- 김주덕, 『신화장품학』, 동화기술교역, 2004.
- 박성호, 『화장품성분학』, 훈민사, 2005.
- 정진호, 『늙지 않는 피부 젊어지는 피부』, 하누리, 2009.
- 폴라비가운 저, 박혜원 역, 『오리지널 뷰티바이블』, 월드런트렌드, 2010.

01. 정제수

- Protective effects of topically applied CO2.impregnated water. Skin Research and Technology. 2006. 4.
- Ginsenoside Rb1 induces type I collagen expression through peroxisome proliferator-activated receptor-delta. Biochemical Pharmacology. 2012. 84.
- Use of ginsenoside Rg3-loaded electrospun PLGA fibrous membranes as wound cover induces healing and inhibits hypertrophic scar formation of the skin. Colloids and Surfaces B: Biointerfaces. 2014. 115.
- Treatment of Regractory Cases fo Atopic Dermatitis with Acidic Hot-spring Bathing. Acta Derm Venereol. 1997. 77.
- Balneotherapy in dermatology. Dermatologit Therapy. 2003. 16.
- Influence of Honey on Biochemical and Biophysical Parameters of Wounds in Rats. Journal of Clinical Biochemistry and nutrition. 1993. 14.
- www.uriage.co.kr
- www.vichy.co.kr

02. 폴리올

- Effects of Polyols on Antimicrobial and Preservative Efficacy in Cosmetics. Journal of the Society of Cosmetic Scientists of Korea. 2007. 33.
- Glycerol and the skin: holistic approach to its origin and functions. British Journal of Dermatology. 2008. 159.

03. 폴리머

- Skin hydration: a review on its molecular mechanisms. Journal of Cosmetic Dermatology. 2007.06.

- Hyaluronic acid: a unique topical vehicle for the localized delivery of drugs to the skin. Journal of the European Academy of Dermatology and Venereology. 2005. 19.
- Principles of Polymer Science and Technology Personal Care. Cosmetic Science and Technology Series. 22.

04. 유화제와 계면활성제

- Improving emulsion formation, stability and performance using mixed emulsifiers: A review. Advanced in Colloid and Interface Science. 2017. 251.

05. 오일

- Effect of Camellia japonica oil on human type I procollagen production and skin barrier function. Journal of Ethnopharmacology. 2007.112.
- In vitro sun protection factor determination of herbal oils used in cosmetics. Pharmacognosy Research. 2010. 2.
- In vivo investigations on the penetration of various oils and their influence on the skin barrier. Skin Research and Technology. 2011. 18.

06. 버터와 왁스

- Evaluation of the health aspects of methyl paraben: a review of the published literature. Food and Chemical Toxicology. 2002. 40.
- Safety assessment of propyl paraben: a review of the published literature. Food and Chemical Toxicology. 2001. 39.
- Essential Oils and Herbal Extracts as Antimicrobial Agents in Cosmetic Emulsion. Indian Journal of Microbiology. 2013. 53.

07. 방부제

- Mode of action of penetration enhancers in human skin. Journal of Controlled Release. 1987. 6.
- Skin penetration enhancement techniques. Journal of Young Pharmacists. 2009. 1.

PART 2. 화장품의 구분

05. 필링 제품

- Alpha hydroxy acids: procedures for use in clinical practice. Cutis. 1989. 43.
- A review of skin ageing and its medical therapy. British Journal of Dermatology. 1996. 135.
- Salicylic Acid Peels for the Treatment of Photoaging. Dermatology Surgery. 1998. 24.

06. 자외선 차단제

- Inorganic and organic UV filters: Their role and efficacy in sunscreens and suncare products. Inorganica Chimica Acta. 2007. 360.
- Sun protection factor persistence during a day with physical activity and bathing. Photodematology, Photoimmunology & Photomedicine. 2008. 24.
- Microfine zinc oxide (Z-Cote) as a photostable UVA/UVB sunblock agent. Journal of the American Academy of Dermatology. 1999. 40.

PART 3. 화장품으로 다스릴 수 있는 피부 고민

01. 보습

- Seeking better topical delivery technologies of moisturizing agents for enhanced skin moisturization. Expert Opinion on Drug Delivery. 2018. 15.
- Loss-of-Function Mutations in the Filaggrin Gene Lead to Reduced Level of Natural

Moisturizing Factor in the Stratum Corneum. Journal of Investigative Dermatology. 2008. 128.

- Epidermal Barrier Dysfunction in Atopic Dermatitis. Journal of Investigative Dermatology. 2009. 129.
- Skin barrier dysfunction measured by transepidermal water loss at 2 days and 2 months predates and predicts atopic dermatitis at 1 year. Journal of Allergy and Clinical Immunology. 2018. 135.
- Skin moisturizers. II. The effects of cosmetic ingredients on human stratum corneum. Journal of Cosmetic Science. 1974. 25.
- Role of Topical Emollients and Moisturizers in the Treatment of Dry Skin Barrier Disorders. American Journal of Clinical Dermatology. 2003. 4.
- The management of dry skin with topical emollients . recent perspectives. Journal of the German Society of Dermatology. 2005. 3.

02. 미백

- Ultraviolet damage, DNA repair and vitamin D in nonmelanoma skin cancer and in malignant melanoma: an update. Advances in Experimental Medicine and Biology. 2014. 810.
- Intrinsic and extrinsic regulation of human skin melanogenesis and pigmentation.
- Intrinsic and extrinsic regulation of human skin melanogenesis and pigmentation.
- Intrinsic and extrinsic regulation of human skin melanogenesis and pigmentation. International Journal of Cosmetic Science. 2018.
- Wide coverage of the body surface by melanocyte-mediated skin pigmentation. Developmental Biology. 2018.
- UVB Irradiation Induces Melanocyte Increase in Both Exposed and Shielded Human Skin. Journal of Investigative Dermatology. 1989. 92.
- Topical ascorbic acid on photoaged skin. Clinical, topographical and ultrastructural

evaluation: double.blind study vs. placebo. Experimental Dermatology. 2003. 12.

03. 주름

- Possible Involvement of Gelatinases in Basement Membrane Damage and Wrinkle Formation in Chronically Ultraviolet B-exposed Hairless Mouse. Journal of Investigative Dermatology. 2003. 120.
- The Role of Elastases Secreted by Fibroblasts in Wrinkle Formation: Implication Through Selective Inhibition of Elastase Activity. Photochemistry and Photobiology. 2001. 74.
- The Hairless Mouse Model of Photoaging: Evaluation of The Relationship Between Dermal Elatin, Collagen, Skin Thickness and Wrinkles. Photochemistry and Photobiology. 1992. 56.
- Structural Changes in Aging Human Skin. Journal of Investigative Dermatology. 1979. 73.
- Inhibition of ultraviolet.B.induced wrinkle formation by an elastaseinhibiting herbal extract: implication for the mechanism underlying elastaseassociated wrinkles. International Journal of Dermatology. 2006. 45.
- Treatment of Skin Aging with Topical Estrogens. International Journal of Dermatology. 1996. 35.
- Evaluation of anti.wrinkle effects of a novel cosmetic containing retinol using the guideline of the Japan Cosmetic Industry Association. The Journal of Dermatology. 2009. 36.
- Improvement of Naturally Aged Skin With Vitamin A (Retinol). American Medical Association. 2007. 143.
- Cigarette smoking associated with premature facial wrinkling: image analysis of facial skin replicas. International Journal of Dermatology. 2002. 41.
- The influence of smoking on vitamin D status and calcium metabolism. European

Journal of Clinical nutrition. 1999. 53.

04. 여드름

- Skin barrier and microbiome in acne. Archives of Dermatological Research. 2018. 310.
- A review of the role of sebum in the mechanism of acne pathogenesis. Journal of Cosmetic Dermatology. 2017. 16.
- Acne vulgaris. The Lancet. 2012. 379.

05. 열노화

- Effect of rapid slight cooling of the skin in various phases of immunogenesis on the immune response. Bulletin of Experimental Biology and Medicine. 2006. 142.
- Cooling skin cancer: menthol inhibits melanoma growth. Focus on "TRPM8 activation suppresses cellular viability in human melanoma". American Journal of Physiology Cell Physiology. 2008. 295.
- Topical application of TRPM8 agonists accelerates skin permeability barrier recovery and reduces epidermal proliferation induced by barrier insult: role of cold. sensitive TRP receptors in epidermal permeability barrier homoeostasis. Experimental Dermatology. 2010. 19.

06. 광노화

- Sun care. Cosmetics&Toiletries. 2012. 127.
- Titanium dioxide particle size vs sun protection performance. Cosmetics&Toiletries. 2013. 128.
- A hypothetical explanation for the aging of skin, chronologic alteration of the threedimensional arrangement of collagen and elastic fibers in connective tissue. The

American journal of pathology. 1989. 134.

- UBV-induced alterations in permeability barrier function: roles for epidermal hyperproliferation and thymocyte-mediated response. Journal of Investigative Dermatology. 1997. 108.
- Stratum corneum lipid abnormalities in UVB-irradiated skin. Photochemistry and Photobiology. 1999. 69.

07. 아토피

- Sweat mechanisms and dysfunctions in atopic dermatitis. Journal of Dermatological Science. 2018. 89.
- Atopic Dermatitis Prevention and Treatment. Cutis. 2017. 100.
- Overview of Atopic Dermatitis. The American Journal of Managed Care. 2017.

PART 4. 상황에 맞게 화장품 골라 쓰기

02. 성별

- Sex hormones, immune responses, and autoimmune diseases. Mechanisms of sex hormone action. The American Journal of Pathology. 1985. 121.
- Gender Differences in Mouse Skin Morphology and Specific Effects of Sex Steroids and Dehydroepiandrosterone. Journal of Investigative Dermatology. 2005. 124.
- In Vivo Studies of the Evolution of Physical Properties of the Human Skin with Age. International Journal of Dermatology. 1984. 23.
- Gender-Related Differences in the Physiology of the Stratum Corneum. Dermatology. 2005. 211.
- The Effect of Androgens and Estrogens on Human Sebaceous Glands. Journal of Investigative Dermatology. 1962. 39.

PART 5. 화장품의 과거와 미래

01. 온천

- Treatment of Refractory Cases of Atopic Dermatitis with Acidic Hot-spring Bathing. Acta Dermato-Venereologica. 1997. 77.
- Therapeutic Effects and Immunomodulation of Suanbo Mineral Water Therapy in a Murine Model of Atopic Dermatitis. Annals of Dermatology. 2013. 25.

02. 전통

- 도미니크 파케, 『화장술의 역사』, 시공사, 1998.
- 김남일, 『한방화장품의 문화사』, 들녘. 2013.
- 서긍, 『고려도경』, 서해문집. 2005.
- 전완길, 『한국화장문화사』, 화당, 1994.

04. 마이크로니들

- Microneedle-Based Vaccines. Vaccines for Pandemic Influenza. 2009. 333.
- Engineering Microneedle Patches for Vaccination and Drug Delivery to Skin. Annual Review of Chemical and Biomolecular Engineering. 2017. 8.

05. 미용기기

- Device-assisted transdermal drug delivery. Advanced Drug Delivery Reviews. 2018. 127.
- Dissolving microneedles for transdermal drug delivery: Advances and challenges. Biomedicine & Pharmacotherapy. 2017. 93.
- Skin electroporation for transdermal and topical delivery. Advanced Drug Delivery Reviews. 2004. 56.

07. 마이크로바이옴

- Fighting Obesity with Bacteria. Science. 2013. 341.
- The human skin microbiome. Nature reviews microbiology. 2018. 16.
- Spermidine-induced recovery of human dermal structure and barrier function by skin microbiome. Communications Biology. 2021. 4.

08. 오가노이드

- In vitro skin three-dimensional models and their applications, Journal of Cellular Biotechnology. 2017. 3.
- Hair-bearing human skin generated entirely from pluripotent stem cells, Nature. 2020. 582.
- Self-organization process in newborn skin organoid formation inspires strategy to restore hair regeneration of adult cells. PNAS. 2017. 34.

김동찬 • confident@naver.com

꽃미남이 유행하던 2000년대 20대를 지냈으나, 화장품이라고는 어머니 화장대 위의 것들만 구경해 봤던 평범한 대한민국 남성으로 젊은 시절을 보냈다.

생명과학을 공부하고 LG생활건강에 입사하여 10여 년간 스킨과 크림을 연구하면 전문지식을 키웠다. 화장품에 관해 잘못된 정보가 범람하는 사실을 알게 되었고, 화장품을 제대로 설명해 줄 수 있는 매체가 없다는 것에 아쉬움을 느꼈다.

정보는 독점되는 것이 아니라 많이 알고 있는 자가 널리 퍼뜨려야 한다는 신념으로, 비록 얕은 지식이라도 전달하고자 펜을 잡았다. 지금은 벤처캐피털리스트로 로레알, 존슨앤드존슨을 넘을 수 있는 스타트업을 투자하며 성장을 돕고 있다.

경력
- 고려대학교 생명과학 학사/석사
- LG생활건강 기술연구소 연구원
- 엘앤에스벤처캐피탈 벤처캐피털리스트

화장품 연구원의 똑똑한 화장품 멘토링

올 댓 코스메틱

초판 1쇄 발행 2018년 9월 3일
개정판 1쇄 발행 2021년 7월 30일
개정판 2쇄 발행 2022년 10월 28일

지은이 김동찬
발행인 채종준

출판총괄 박능원
책임편집 김채은
디자인 김예리
마케팅 문선영 · 전예리
전자책 정담자리
국제업무 채보라

브랜드 이담북스
주소 경기도 파주시 회동길 230 (문발동)
문의 ksibook13@kstudy.com

발행처 한국학술정보(주)
출판신고 2003년 9월 25일 제406-2003-000012호

ISBN 979-11-6603-474-9 13590

이담북스는 한국학술정보(주)의 출판 브랜드입니다.